Design perfect city
设计理想城市

刘亚波 王安氢 王 彤 编著

江西出版集团
江西科学技术出版社

图书在版编目(CIP)数据

设计理想城市 / 刘亚波,王安氪,王 彤编著,一南昌:
江西科学技术出版社,2008.12
ISBN 978-7-5390-3412-6

Ⅰ.设… Ⅱ.①刘…②王…③王… Ⅲ.城市规划—建筑设计 Ⅳ.
TU984

中国版本图书馆 CIP 数据核字(2008)第 180231 号

国际互联网(Internet)地址:
http://www.jxkjcbs.com
选题序号:ZK2008033
图书代码:B08077-101

设计理想城市

刘亚波 王安氪 王 彤 编著

出版 发行	江西出版集团·江西科学技术出版社
社址	南昌市蓼洲街 2 号附 1 号
	邮编:330009 电话:(0791)6623491 6639342(传真)
印刷	江西嘉欣印务有限公司
经销	各地新华书店
开本	787mm×1092mm 1/16
字数	240 千字
印张	13
版次	2008 年 12 月第 1 版 2008 年 12 月第 1 次印刷
书号	ISBN 978-7-5390-3412-6
定价	25.00 元

(赣科版图书凡属印装错误,可向承印厂调换)

Design perfect city 序 1

亚波的新书完稿，嘱我们代为作序，于是我们突然意识到在这个忙忙碌碌的建筑界，还存活着这样令人艳羡的生活状态。

我们处在一个疯狂发展的时代，这是最好的年代，也是最坏的年代。

年纪轻轻的中国建筑师就有机会完成尺度骇人的大型建筑，平方米以十万计；而与他们同龄的欧洲建筑师们还有很多终日忙碌于旧城中传统建筑的立面更新，平方米为零。我们的事务所不久前有机会和一些欧洲的青年建筑师一起去西藏盖房子，他们都为了可以在一年内盖起这些几百平方米的小房子而兴奋不已，因而像白求恩一样不远万里地来到中国扎根山区。在城市里，一次奥运会的到来，竟然让北京一地就可以在全球的"2007年度十大建筑奇迹"中占据三席，更能让几年内全球接近一半的钢材和水泥销往中国，价格年年攀升。我们同行们每天辛苦而又兴奋地奔忙于大大小小的工地，或欣慰或无奈或麻木地看着自己的房子盖起来——自己的城市变得越来越现代、喧闹和陌生。

在这样的环境中，亚波无疑过着真正奢侈的生活。读书、喝茶、旅行、思考、写作，而且在这些之余，几年间也完成了大大小小的项目设计。亚波能在喧嚣中，用平和的心态以及大量可以用来交换现实利益的时间，去思考和探究我们身处其中的城市环境的变迁，去预想将来理想的乡村、市镇和都市的形态，在作者广泛的学术爱好和阅读兴趣背后，我们更看到一种稀缺的理想主义者的精神，一个现实的理想主义者。

城市是我们所能遇到的最复杂的系统类型，在一个综合着自然生态和人类工程技术影响的物质环境里，生活着千千

Design perfect city

万万的人，经济、政治、文化千头万绪，各种显规则、潜规则运行其间。

本书题名《设计理想城市》，亚波无疑是挑了一块硬骨头。正如亚波在书中引述的耗散结构和自组织理论所说，城市是如此巨大复杂，并存着自上而下的控制系统和个体组成的或无序混乱或局部自组织的多种机制。我们经常看到情形是，自上而下的力量尚且不足以左右其方向（正如规划局在众多城市建设博弈过程中的尴尬地位，且不论其自身发出指令的正确性），区区个体的一介草民，能以自己的微薄之力为明天的理想城市做些什么，来摆脱熵增的困境呢？亚波说"人本身是个有思想有反馈能力的巨大有机体"。诚然，文化便由此产生，社会便是自组织的系统，而这本书，便是亚波从自己的思考、实践出发，试图让城市向着良性的自组织系统发展，做出的努力。

亚波这本书是跨越专业界限的，其涉及领域颇广，除了本学科的读者，也应该能引起非专业读者的共鸣，而且与多数枯燥的学术理论读物不同，都加入了作者自己观点鲜明的评论。因此本书对于每一个喜欢琢磨城市问题的人来说，可能都会是一次有益的阅读体验。这其中，大概也有亚波希望打破专业神话的初衷吧。

2008 年 10 月于西藏林芝

标准营造 侯正华、张弘、张轲

Design perfect city 序 2

  作为搞建筑设计的设计师，对自己所处的城市其越来越乏味的生活感到不满：看着自己生活的城市其城市的人性肌理逐渐消失，大量的街巷越来越难觅踪影，大量冒出来的是拔地而起的花园式住人机器和大片大片被非常可惜地浪费社会资源、经济资源的空阔绿地；一二米高的小尺度人类在尺度巨大的水泥城市里，由于城市文明越来越简单、方便，越来越功能明确、性质单一，以至街上、路上的大人、小孩、老人、妇女均能匆匆而来，匆匆而去，全无悠游顾盼、细腻委婉、转折起伏的传统城市空间情趣。于是，我感觉我们的城市文明越来越简单化、越来越女性化、小孩化，越来越傻瓜化了。

  这越来越直白化的城市文明让市民有了更多简单的思绪和一目了然的表情。他们大都喜欢上了简单的快餐，色彩鲜艳的服饰和建筑，以及类似说话似的音乐。这样的音乐被说成是流行的，我不知道它们与演讲和谈话有何区别。那曾经极有魅力的绘画和电影，个个都在赤裸裸地提要求、说想法，不知要他们干甚？

  于是，笔者只能在这由巨大水泥房屋堆砌的乏味城市里到处寻找底层民众们打牌、喝茶、吐口水、乱骂人、乱损人、乱谈生意、乱提劲的各种各样的角落。唯有在这些有着千奇百怪面孔的角落处，才能真实地嗅到了城市民众们的人类气息，也才能稍稍让自己感到自己在这个越来越现代但却越来越恶劣的城市依旧还活着！

  于是，自己在自以为已在2004年解决了建筑学情结之后，再次满城找地读书、写字、乱思乱想，以便设想自己想要的城市生活。

  于是，再次花了三年读书，四个多月写字，从而对理想城

Design perfect city

市的追求有了一个交代，也让自己在思想深处对城市文明这一人类最重要的幸福、快乐中心有了一个平静的了断。但愿在2004年通过《得道的建筑学》了断了建筑学情结之后，再通过此次城市文明情结的了断，从而结束自己的所谓学术追求，以便静心追寻物质、追寻好景观、好当下！也便是在明媚阳光里，细雨蒙蒙里，尘土飞扬里，人欲横流里，做一个不断老去的好混混！

2007年10月31日傍晚于成都东门

莲桂西街　小坝茶馆　刘亚波

目录 Contents

第一篇　问题篇

1、关于人口聚集和社会构成和文化生成 …………………………… 001
2、关于资源聚集 …………………………………………………… 004
3、关于国土规划 …………………………………………………… 006
4、关于区域规划 …………………………………………………… 008
5、关于总体规划 …………………………………………………… 010
6、关于基础设施规划 ……………………………………………… 013
7、关于控制性详规 ………………………………………………… 015
8、关于城市设计 …………………………………………………… 017
9、关于修建性详细规划 …………………………………………… 019
10、关于建筑设计 …………………………………………………… 020
11、关于房屋建造 …………………………………………………… 023
12、关于环境评估 …………………………………………………… 026
13、关于市民参入和专家意见 ……………………………………… 030
14、中国当下城市化质量在社会和物质两方面的评估 …………… 033

第二篇　思想篇

1、关于中世纪城镇和古典城 ……………………………………… 037
2、关于田园城市和霍华德 ………………………………………… 040
3、关于《雅典宪章》和勒·柯布西埃 …………………………… 043
4、关于简·雅各布和刘易斯·芒福德 …………………………… 047

5、关于后现代 ······ 050

6、关于场所理论和城市设计 ······ 054

7、关于《马丘比丘宪章》 ······ 058

8、关于新城市主义 ······ 060

9、关于耗散理论和自组织理论 ······ 064

10、关于紧缩城市和可持续发展 ······ 068

11、关于《北京宪章》 ······ 072

12、关于中国的风水思想 ······ 073

13、思想的总结 ······ 076

第三篇　规划、设计篇

（一）社会结构部分 ······ 081

1、群落的规模和经济的安排 ······ 081

2、中国社会结构分析 ······ 096

3、人性群居生活的社会构成安排 ······ 101

4、城乡社会的理想关系 ······ 107

（二）空间结构部分 ······ 109

1、城乡、城市群关系 ······ 109

2、城市的分区和城市之心 ······ 116

3、关于老城区建设和城市之心 ······ 119

4、人性而怡人的居住生活街区 ······ 123

5、快乐的商业中心 ······ 132

6、关于"道"、"路"和城市交通 ······ 139

7、关于"街"、"巷" ······ 145

8、关于人口密度和容积率 ·· 147

9、关于建筑密度和绿化率 ·· 151

10、城市的整体形态 ··· 155

11、关于城市设计和建筑设计 ·· 162

12、理想城市——追求社会结构和空间结构和谐的幸福快乐中心 ······ 165

第四篇　修正篇

1、"道"、"路"的修正 ·· 169

2、"街"、"巷"的修正 ·· 172

3、人行道的修正 ·· 173

4、临街建筑的修正 ··· 174

5、围墙的修正 ·· 175

6、广场的修正 ·· 176

7、花园、绿地的修正 ··· 178

8、边际线的修正 ·· 179

9、从城市设计的角度修正整合人性街区 ································ 180

10、城乡结合部的修正 ·· 181

11、工业区的修正 ·· 182

12、修正后的中国城市评判 ·· 183

13、百年后的下一波城市化 ·· 185

后记——对城市街巷生活的粗略回忆和述说 ···················· 189

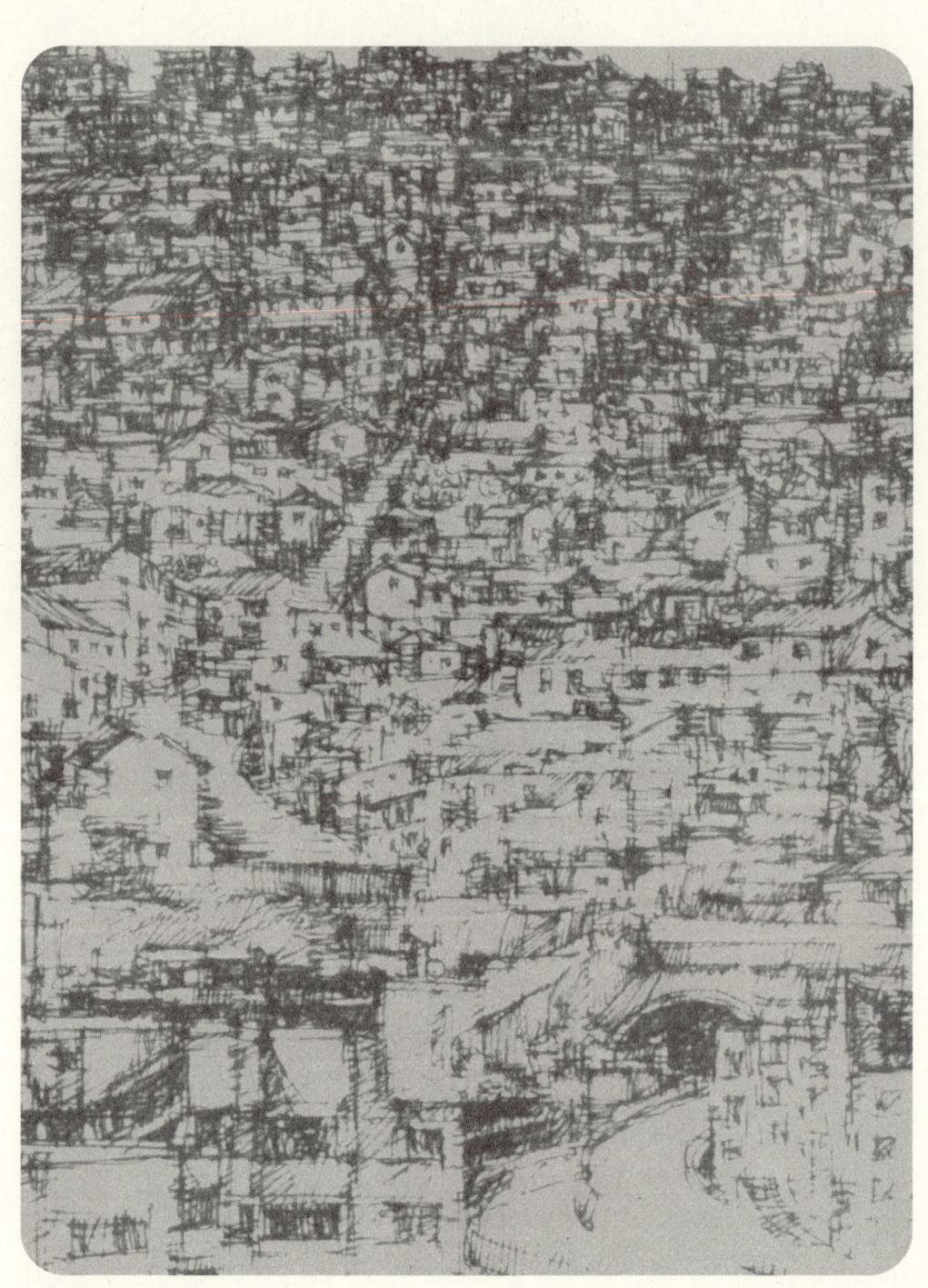

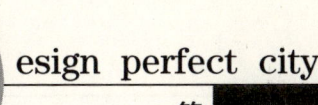

第一篇 问题篇

引言：

　　城市，作为物质和精神的巨量聚集物，在无序和有序相互依存的古典时期之后，居然让现代人对城市文明的结构有了生长性的生物有机的评介和判断。而刚刚过去的二十多年的中国城市发展，却让我们不能苟同这种有机的美好城市变化在中国的存在，以致要以批判的精神来看待当下的中国城市文明，以便能找到各自内心满意的群居性的城市生活。

 **1、关于人口聚集、社会构成和文化生成**

　　由于科学技术的带动，使得人类生活物品的生产有了现代工业的强大趋向，从而在100年左右的时间里使大量人口在地表上的价值结点上聚集，以致产生一个国家80%左右的人口居住在城镇里的现象，这样的国家被称为现代化工业国。同样由于科技的原因，人类在建设这类聚集点的时候，大量使用着源自地球泥土和植被的水泥、钢铁、玻璃、塑料等难以被地球土壤降解的材料，从而产生大量几平方公里、几十平方公里、几百平方公里、上千平方公里的硬化城镇地面。且由于各类生活物品、居家物品的工业生产，人类——这一与所有生物进化自同一星球的生物，却过着一种全盘人工僵硬化的生活，于是产生了很多很怪的肉体病痛和心理疾病。几千年前，古希腊的柏拉图说：为了寻找幸

Design perfect city
设计理想城市

福的生活,人们来到了城市。那时,地球上最大的城市也就十几平方公里吧,并且全部使用的是石头和木材,其城市的非自然属性里充分洋溢着对自然的绝对崇服,应该可以称为一种次自然属性。这样的城市只需数百年便可以化为一堆泥土,与地表土壤属性相一致。今天的城市却与此完全不一样,水泥的降解需要几百万年,钢铁稍微快点,而塑料就更麻烦。几百万年以后,人类在哪里还难以知道,而当下的生活舒适却是容不得迟疑的。此外,这一百多年来的人口大量聚集,产生出鲸吞大量良田的水泥高速公路,让清亮河溪断流的水泥水电站,集中的让小河干枯的巨量清水供应、方式方法不太对劲的同样消耗大量能源、制造污染的巨大污水处理设施,多如蝗虫的燃烧地球生物聚化物的大量制造废气的汽车,为了获取矿物而被挖得到处水土流失的矿山,集聚大量非降解的生活垃圾的巨大堆场,巨量的被化肥改变了有机属性的耕田等等。可以说任何所谓发达工业化国家的国土,从城市到乡村,污染无一幸免,危机四伏。

于是几千年发展下来,人类又成了生物性相当异化而社会性极其强烈的种类,以致多数现代人已难以独自在郊荒野外生存了。人口是否一定会按城市化进程所推动的那样不断聚集,直至达到80%~90%才会停止呢?相对幸福的社会生活能否在城市化率达到40%~50%就完全够了呢?此外,对于在城市和乡村均有居所的公民,他们的城市化率又该怎么计算?因为反城市化率虽然是资源富裕、人口密度低的国家才有的美事,但富裕了的人口高密度国家的富人们仍摆脱不了这样的向往。至于人口在一定的地域范围聚集到什么样的规模,是均匀小城市的聚集还是

> 城市,作为物质和精神的巨量聚集物,在无序和有序相互依存的古典时期之后,居然让现代人对城市文明的结构有了生长性的生物有机的评介和判断。而刚刚过去的二十多年的中国城市发展,却让我们不能苟同这种有机的美好城市变化在中国的……

第一篇 问题篇

大、中、小城镇各自自然聚集,或是有规划指导的导引性聚集等等,在目前的中国看来,政府已有了明确的方向。而是否恰当还有待历史的验证:因为超大的可能过大,而镇一级又可能过小,新村落又可能过大等等。至于人口大量聚集所产生的以上自然资源污染问题,便只能靠人类自身的智慧去加以避免和消解。

正如柏拉图所说,为了追求幸福生活,人类聚集性的社会生活已是一种必然。在一种稳定的政体下,这种人口的聚集本质上便是一种相互的分工服务,从而产生各种社会阶层。中国已由社科院分出了十大阶层。本质上来说,任何国家在权力、资本(含资源)、技术三大因素整合下,在每个行业(包括政府)均会产生上层(少数主宰领导)、中层(管理人员)、下层(普通劳动成员)三个阶层,这是一个稳定的金字塔形或生物细胞型(三级圈层)。因此,笔者非常怀疑美国人所说橄榄形是否真实,因为这样的话,消灭了中层,让中层和下层混为一体成为橄榄形的中间部分,至于尾端,笔者推测应该是失业者和流浪汉,也许西方的民主社会能够这样吧!那里的普通老百姓可以直接向总统汇报和反映民意?或是由于他们的企业以中小企业为主,普通员工可以直接向总经理交涉,从而消灭了中层领导?由于中国也存在失业者和流浪汉,如果中国的农民和工人以及大量第三产业服务人员均可算作中间部分的话,那么中国社会亦可算作一个橄榄形国家。看来有点可笑!其实,当今世界的任何国家均存在一个中层的精英阶层,这是事实。因此,稳定的金字塔形社会从古至今都是真实的事实。这样的社会构成,在对他们进行空间布局的时候,会在任何地方产生有中心的细胞倾向,这便是社会的顽固的

生物倾向吧。

今天中国城市的空间布局在整体、片区、局部上是否有着这种向心、看上的集中整体性呢?那大片大片的居住区的中心是不是非常散乱而让人迷茫呢?那所谓的城市之中心是不是由于空间的盲目放大和设置各种景观障碍而让其没有凝固力呢?

上、中、下的社会结构有着一种团队精神。大众在领导核心带领下有着一种生物性的自律,在内部产生交流、产生价值、产生文化,进而不断发展、壮大,就像细胞生长、复制一样。刘易斯·芒福德说:城市最终是为了产生文化。这样的观点虽不完全正确,但幸福的群居生活,精神的存在却是极其重要的。而空间结构的构成是否与社会结构的构成相和谐,却是人类聚集在一起能否产生优良文化的关键之处。当下的中国便由于城市的空间布局难以与社会结构相和谐而在市民文化的生成方面有着巨大的改进之处,这便是本书观点需要急速提出的原因吧!

2、关于资源聚集

经济学家说:资本天性是趋利的。意思是人类的天性是趋利的。所以中国有句古话:人不为己,天诛地灭。这句话千真万确。

几千年的人类文明形成的大大小小的聚集点,均有着重要的资源价值,它包括水资源、物流汇聚点、行政管理中心、资金的汇聚、技术的汇聚以及文化的汇聚等等。而文明的发展也只会让这种聚集来得越来越猛。由于形成文明的权力、资本、技术三大

> 城市，作为物质和精神的巨量聚集物，在无序和有序相互依存的古典时期之后，居然让现代人对城市文明的结构有了生长性的生物有机的评介和判断。而刚刚过去的二十多年的中国城市发展，却让我们不能苟同这种有机的美好城市变化在中国的……

第一篇　问题篇

因素的天生趋利性，以及事物阴阳两面的辩证性，这种资源的聚集同时也有着巨大的负面影响，这也便是前文里所谈及的自然环境问题。于是，从整体的角度来看的话，对于任何地域来说，选择什么样的资源聚集便有着极其重要有时甚至是致命的意义。就像中国的珠三角、长三角的区域发展状况一样。今天的香港发觉作为自己后花园的珠三角成为世界工厂的一部分，内心里会有一种潜在的惊恐。因为工业本质上对人类的生物本性来说，其实有着某种无奈：就像古代的家庭作坊一样，官宦人家是绝不会在自家后院里开小作坊的。这也便是为什么当代的英国会选择金融和足球以及教育这些绿色产业作为自己的地域资源；美国会选择思想、文化、高技术作为自己的主打资源。而作为第三世界首领的中国，由于种种的无奈而只能选择朝世界工厂方向迈进。正像整体环境评估一样，这样的发展道路的选择，其代价是极其巨大的。土壤和水系的改变，其成本是极其高昂的，有可能几十年后，中国为了修整自己的国土河山所花的钱物远远超过目前中国作为世界工厂出售廉价物品所赚取金钱的总和。这便是为什么西方世界对中国作为世界工厂有着极其强烈的暗许——大作坊开在人家花园里，而自己的日常用品既供应充足又价廉物美，真是太棒了！长三角和珠三角的地域中心领导们内心应该对这样的资源聚集和趋利发展有着强烈的警惕！

一个不喜欢发明创造，没有整体成本观，没有全生态幸福观，没有完整人性价值观的地域，人们要过上高品质生活基本是不可能的。那种眼中只有所谓高级公寓和进口轿车、名牌服饰、高档餐饮，而毫无整体自然生态、整体人文生态价值观的人们，

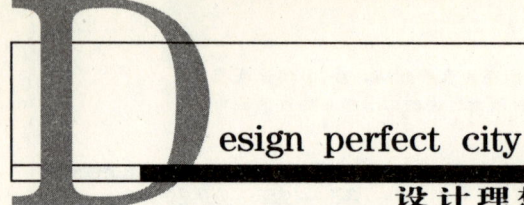

设计理想城市

真实的幸福生活对于他们来说也是基本不可能的。因此，从当今全球一体化的角度来看的话，地球资源在地表各类中心的聚集有着相当不同的情况。虽然由于网络的原因，能将各类资源进行全球调控，但是资源的物质形态在各个地域进行逐利发展时，对当地的影响实有天壤之别。而经济学家所说的同样的增长率存在质与质的不同的问题，其所指便是资源聚集的逐利性对自然环境的影响。因为所谓经济发展，其实质便是各种资源在某地域汇聚进行各类逐利。

对于中国960万平方公里的国土上的东、南、西、北各方，仅仅依靠可持续发展观来进行资源整合应该还不够，还应选择最优的可持续发展观念对自己进行要求。这便是精明的英国人和美国人在产业选择上值得我们好好学习的地方。

3、关于国土规划

这应该是中央政府的智囊团、研究院、经济研究中心等等机构的研究目标，一般而言，不为小民百姓关心。然而从每年的中国国务院总理对全国人大的报告中以及当年的政府行动纲领中，大致可以看出政府对整个国土的未来安排。

其实，对于任何国家来说，它的追求目标便是这个国家国土规划的纲领。如当代中国追求和平（社会安全稳定）、幸福（生活富足、文化发达、环境优美）、民主自由的社会，而国土规划便以和平、幸福的具体内容作为规划原则。为了实现国民生活目标，

> 城市，作为物质和精神的巨量聚集物，在无序和有序相互依存的古典时期之后，居然让现代人对城市文明的结构有了生长性的生物有机的评介和判断。而刚刚过去的二十多年的中国城市发展，却让我们不能苟同这种有机的美好城市变化在中国的……

第一篇　问题篇

如何使用国土，使用资源；如何安排产业；如何保障国土的生态安全；如何在全球一体化的竞争格局下给国民获取整体效益，应该说是相当麻烦的事。而对国土的自然地质、地理、物理属性的详尽了解，对国民人口及社会结构的详尽分析和合理安排，对国家资源（物产和技术）优势的客观分析等等，便是必然。中国从产业和生态的角度，将经济圈划为长三角、珠三角、环渤海、老东北、华中、西部等大区域便是这种国土规划的结果吧。而很多年前计划经济下的中国，早就构成了这种布局，不过只是仅仅从产业的角度，而缺乏生态的考虑。因此，国土规划主要还是计划经济的方式方法，而市场经济的西方国家也极其认可。

由于中国地域广阔、人口众多、文化悠久，当代中国在国家目标的追求内容里其实含有内部要求和外部要求两方面，即对内人民幸福，对外国家强大。而任何国家只要人民勤劳，各行各业按部就班，物产自然丰富，富足生活基本无忧。在全球一体化，追求关税为零的情势下，自身产业能否生存都是无法确定的事，这便造成了全球产业的大调整。中国由于不满足于自农耕时代即开始的自给自足的稳定生活（从每年的粮食产量仍可看出这种自给自足的可能性），为了强大，为了获取更多的利润、更多的技术、更多的现代生活方式，产业里已有了大量非自身需要的内容。其实，如果有一个足够强大的国防保障的话，中国完全可以抛弃很多对生态不利的行业，搞好绿色的衣食住行，再多动脑筋搞些绿色的赚大钱的行业就行了。何必让原本富饶美丽的沿海地区成为世界工厂呢，以致被居心叵测的世界级资源布控者暗中将美丽的东亚，从全球规划的角度，定性为全球传统制造业

的基地呢？何必让普通民众去追求美国式的大量消耗资源、制造污染的所谓现代生活方式呢？在环境优美、文化发达的国土上过一种俭朴的日子，应该更有利于地球的未来。而这种日子应该是一种质量很高的生活。因此，从空气、水源、土壤、植被的角度来规划国土，安排产业，依据各自地域优势均衡生产生活用品，无污染地处理废品，应该就是民众幸福生活的基本要求。

4、关于区域规划

由于中国很大，这样的区域规划可以是中心城及其管辖范围内小城小镇的整体规划，也可以是某个大区域如长三角、珠三角、环渤海这么上10万平方公里、范围如同西方大国的区域经济资源整体设想。由于中国一切以经济为中心，因此，所有这样的规划均带有极强的功利目的，即所谓有些课题论文中所言：规划的目的就是最优整合资源。这样的言论其实是忘了规划的根本目的，是让本地域的人们过上幸福的生活，乃至一个国家存在的目的，亦是让本国国民过上幸福安康的生活这一至简至真的道理。从这一根本目的来看我们的区域，会看到任何区域的未来，首先要安排好农业，因为它是整个区域的大底图、大背景、大花园，它是整个区域的水、空气等生理指标的保障者。让农业在符合地域地理特性的情况下，以有利土壤属性和植被生长的方式进行资源的整合，应该无可厚非。中国大量的小镇和村庄应该成为农业资源的整合聚点。因为交通工具的发展，已经可以让村

城市,作为物质和精神的巨量聚集物,在无序和有序相互依存的古典时期之后,居然让现代人对城市文明的结构有了生长性的生物有机的评介和判断。而刚刚过去的二十多年的中国城市发展,却让我们不能苟同这种有机的美好城市变化在中国的……

第一篇 问题篇

落离需管理的土地较远,于是,大量的小村庄被合聚成大村庄或小镇。由于畜牧业污染本可转化为绿色肥料,因此,村镇只要解决好生活垃圾和矿业对表层土壤污染的问题,农村就会成为整个地域的绿色大花园。而区域规划中的中心城市,或县城,或中等城市,或大城市,就可在集聚技术、资本、人才的情况下搞好工业和第三产业,以便生产满足市场的产品,亦即有足够的人均GDP,从而让区域民众有着一种基本的生活保障。然而,这只是初步的。因为中心城市的工业和第三产业的资源配置,绿色发展,是当今中国城市化的大问题,从中国各个区域规划的制定情况来看的话,这些规划太强调区域的经济工业属性,而缺失了让农业、矿产业、地域文化生活以及民众人性聚集的和谐社会效应全面发展的周详考虑。在这些区域规划中,我们看到过多的村镇工业区,过量的交通配置、过多的人均用电量、人均用水量,亦即过多的污染量,过多的工业区招商以及为了招商而过多的廉价出让土地,出让税收,从而引发大量高价的污染。所有这些就为了追求两个数字,即GDP和城市化率。其实,如果住在城市又不舒服又挣不了钱的话,大量的农业人口是不会在城市定居的。尤其由于当前农业政策让农民在农村有着稳定的土地收益和税收豁免。并且由于城市工业区的资源优势不明或同质化,以及各中心城市建设的同质化(千城一面)。那么,即便已经在此定居的市民也有可能选择另外较优秀的城市进行移民,这便是一个城市其整体竞争性的表现。不过,政府已经提出了又好又快的发展思想,这便是所有规划的指导原则吧。不过千万别忘了,任何规划的目的是让民众过上舒心的日子。即便不发展了,只要空气

Design perfect city
设计理想城市

清新,食品安全,水质清洁,住房小而舒适、又漂亮又有好邻居,钱包虽然不鼓,但也够应付花销且年有小余。这样的国民生活,又怎么会比那些开奔驰,住恶心别墅,终年有着烟气腾腾的污染,且水质差、食品不安全的城市生活差呢?

5、关于总体规划

从小镇、小县城、中等城市、大城市到超大城市,都有着总体规划的问题。其实从规模的角度看的话,小镇就是大城市里的一个街区。当前,关于总体规划的批判应该是学术领域最多的。从以《雅典宪章》为代表的在中国仍被奉为法典的以功能分区、交通至上的造城的方式方法,从人为设定人口目标、机械地限定城市规模以致总体规划被现实发展冲得支离破碎如同儿戏,到领导阶层意志便是规划,随意更改,恶意寻租。中国规划学术领域只注重规划设计的学术研究,不关注实际操作层面的法规建设等等,问题极多。导致当今中国城市化水平之所以质量不高,资源浪费巨大、千城一面、人文离散的原因,全因过于功利地看待城市,从"经营"城市的语言便可深刻感知。

与近一二十年才出现的带有战略性意义的国土规划、区域规划不同,现代总体规划推出的历史应该有100多年了。从近代工业文明的兴起至今,人类从靠古典时期以宗教思想、防护思想、统治思想、顺应自然、依托自然的思想,自由生长性地营造城市,到现今依靠专业人士画出蓝图,工业性地制造城市,作为

> 城市,作为物质和精神的巨量聚集物,在无序和有序相互依存的古典时期之后,居然让现代人对城市文明的结构有了生长性的生物有机的评介和判断。而刚刚过去的二十多年的中国城市发展,却让我们不能苟同这种有机的美好城市变化在中国的⋯⋯

第一篇 问题篇

总体规划,其最终影响城市质量的思想性,只是在近二三十年才在西方进行了深度的反思,也才有了新城市主义与自组织理论的出现。这些思想正确与否虽然需要更多的实践和研究,但目前中国规划管理层却极需进行类似西方自 20 世纪 60 年代开始的对《雅典宪章》反思的大量补课。

作为一个城市的总平面图,总体规划应该深刻意识到这张图上所绘出的内容是极其人工化的,它与区域规划图中那些大量具有次自然属性的农田、水系完全不同,它完全是个由水泥硬质地面构筑成的一个大水泥盘。虽然其中按中国现今的要求配置有 30% 左右的绿地和水面,但由于追求大量的具有人工属性的设计,人类生活在这个大水泥盘上,要获取幸福、自由、快乐和交往,其人类的生物性和社会性要求的满足是相当困难的。不要认为以理性秩序的方法,按部就班地安排好各种功能就行了。尤其值得重视的是,中国那些兼具文化、行政、金融、商业、生活中心的大城市,与地域功能偏少的功能性城市不同,它们的工业区与这些价值极重的宜居中心城市完全不需要如此密切,以免破坏了整个地域及其中心的幸福指数。这些工业区在当下中国最重要的三十座城市中均占据近百分之二三十的面积,并且给这些工业区的建设指标是如此的高标准、高档次,以致工业区的环境竟超过了居住区,并美其名叫什么所谓新加坡工业园区之类的,真是匪夷所思。同样是这个新加坡所谓先进国家理念在居住区的建设方面也引领了什么空洞的花园式住房的"先进"理念,这个东南亚小国给中国近 20 年的城市化带来的应该是更多的恶劣后果:工业区造成了极其珍贵的土地资源浪费,生活区构建

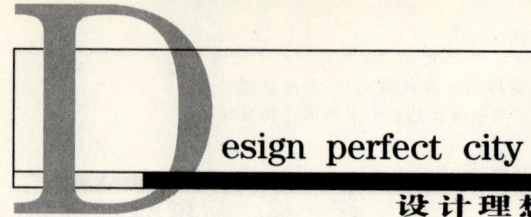

设计理想城市

了人文离散的居住生活。

此外,作为总体规划内容里对城市空间形态和社会形态极其重要的道路网,由于太多功利的交通、功能分区,以及一些不经仔细分析研究的街区尺寸的盲目划分,使得大多数城市、尤其是城市新区的肌理呈现出僵化、乏味、空洞、散漫的结果。这种将商业区、居住区、工业区、文化区等等不同功能性质、不同社会交往性质的道路网格不加区分,不充分考虑人性特质的总体规划的道路网,是目前中国已建城市的最大败笔。而将老城区道路肌理盲目拓宽,空间形态功利化的改造,更是将我们拥有的珍贵古董文化价值的老城区破坏得一干二净,从而使我们古老中华文明的载体彻底丧失,这是对我们民族未来的极大伤害。至于那些城市千篇一律的建设指标,在空间形态上制造了中国城市乏味、空洞、人性缺乏的恶劣形象。而基本占据整个城市城区面积 1/4 以上的城乡结合部,作为一个大毒圈,更是将花费大量财物的高价城区裹成一团,让城市质量大打折扣,以致市民难以顺畅呼吸。

因此,作为规划师、作为设计师,作为地域中心领导阶层,应该充分意识到,这些几平方公里、几十平方公里、几百平方公里、甚至上千平方公里的城市的水泥大硬盘上,要让人们在其上既获取财富又获得幸福生活,是多么需要在这块大硬地上彻底地让人类的生物性和广泛的社会性,以自由而有序的方式,获得各自的安排,并且一定要千方百计地让千万建筑物构筑的空间与地面的道路、绿化、水面一起形成一个美好完整的城市形态,让城市成为一个美好的与周边乡村和谐而匹配的复杂人性产

城市，作为物质和精神的巨量聚集物，在无序和有序相互依存的古典时期之后，居然让现代人对城市文明的结构有了生长性的生物有机的评介和判断。而刚刚过去的二十多年的中国城市发展，却让我们不能苟同这种有机的美好城市变化在中国的……

第一篇　问题篇

品，以便让人们在城市获得与优美乡村同质而不同内容的美好生活。

6、关于基础设施规划

与总体规划配套的是大量的基础设施规划，它们包括道路、交通、水、电、气、污水处理、垃圾处理、通讯网络等等。作为城市功能运转的各项系统，当前中国城市的交通在思想上存在一定的问题。由于过分追求表面现代化，对私家车的控制太过宽松，相应忽视了公共交通的发展。地铁、轻轨、公共大巴，乃至城市片区内部交通的自行车、电动自行车、三轮车均被轻视，甚至被禁止。其实，认真分析中国的社会结构和每平方公里的人口密度，中国这种土地资源严重紧缺的国家是绝不能向美国学习，去搞什么户均一辆车、两辆车的。现今中国在居住区密度主要向三倍、四倍扩展的情况下，应该将户均停车指标向社会结构金字塔形的上端接近，亦即新楼盘的户均停车位达到 0.3 左右就可以了。大量的城市民众应该主要使用公共交通和出租车，这便是新城市主义理论里最重要的思想之一。这样的话，中国城市里的各级道路均呈现出过分发展的情形。其实在设置好东西南北几条进出城的快速道路后，中国城市大量的道路根本不需太宽，最多四车道就行了。可以大量设置单行道。而一个城市的水电气的规划，目前看来，基本是一个区域的资源规划，因为中国大量城市缺水，而电和气的消耗又将制造大量污染。从可持续发展的角度

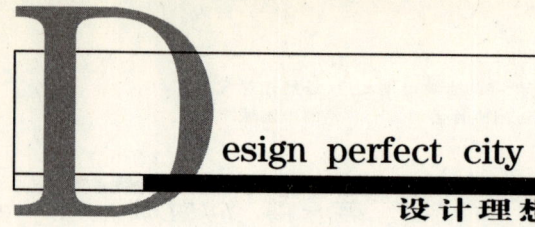

设计理想城市

来看的话,此类的规划和城市建设的方式乃至城市生活方式,均需向节约型社会发展。中国已经开始这样要求。至于污水处理,由于只进行了雨水和生活污水及工业废水的分类,因而将一个城市大量市民的排泄物——这一历史悠久的绿色肥料全部浪费并且还将其排到污水处理厂,直接消耗电能,制造污染。至于污水处理厂是否采用大自然的方式用区域湿地处理,实可探讨。而垃圾处理,幸亏中国大量底层民众的参入,将大量可回收的废物化废为宝,而减小了填埋量。但是对于城市家庭每天大量的食品垃圾,城市社区能否考虑成立一个专业队伍与农村畜牧业挂钩,而将其全部回收,既有益畜牧业,又可大量减少填埋物的环境污染。其实仔细研究垃圾的构成,从物质的角度,没有一样是不可再利用的。因此,规划生物排泄物收集管道系统,规划建立食品垃圾收集系统,难道不是一个城市着眼于细微处的重要规划内容吗?那些坐在一个城市的所谓规划设计研究院的所谓专业人才,他们在干些什么?难道他们就是每天人云亦云没有独立思考吗?类似这样细微内容的规划研究,在中国城市还有许多内容。站在一个少污染、少耗能的大角度,来建立我们城市群居生活的各项功能系统。这便是所有基础设施规划极需遵从的原则。

> 城市,作为物质和精神的巨量聚集物,在无序和有序相互依存的古典时期之后,居然让现代人对城市文明的结构有了生长性的生物有机的评介和判断。而刚刚过去的二十多年的中国城市发展,却让我们不能苟同这种有机的美好城市变化在中国的……

第一篇 问题篇

7、关于控制性详规

从设计的角度,总体规划除去基础设施等单项规划后,更像一个城市的整体设计方案图,它勾画着每一个城市的发展形态、构成内容和未来方向。但规划的实施却即便有了城市的分区规划,亦即片区的详细方案还不行,还需要一个类似建筑设计中的初步设计阶段。而控制性详细规划便是如此。其实,古典时期的城市建设,其细致的城市建设要求和指南便类似这种控规。而一个城市在总体规划思想正确、布局合理、道路网疏密有致的情况下,只要控规考虑周详,建设指标高低合理而人性,未来的城市发展就会社会详和,形态优美,人性而有序。至于有无所推崇的城市设计和修建性详规都不太重要了。这便是目前中国城市建设以控规作为建设法规的原因吧。然而,中国的城市建设却由于总体规划的思想落后,再加上控规的审美水平和技术水平(也就是空间构筑水平)太差的原因,于是造就了大量的乏味的城市,从而在某种程度上极大地浪费了极其宝贵的这波城市化的机会。这种恶劣结果的出现,笔者认为应该将85%的责任算在每个城市的规划设计研究院及其学术来源,也就是大专院校的规划系和师资头上,5%的责任在规划局,5%的责任在城市行政领导和开发商。另外5%可算在城市里所有的建筑设计院的建筑师头上,他们理所当然地参入了制造恶劣城市的可恶的行动。正是每个规划设计研究院在思想落后、技术水平低、空间构筑能力差、独立思考欠缺的情形下,绘制的城市规划图纸和制定的各项建

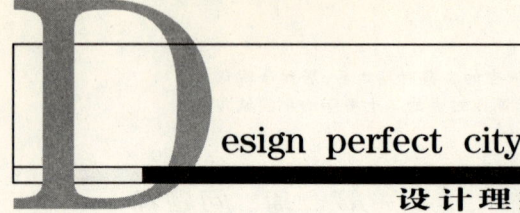

设计理想城市

设指标,让城市领导和开发商及城市分项细部设计的建筑师一起督促施工方,修建了今天的每一个城市。可想而知,任何城市除去总体规划这张城市的方案图,控制性详细规划对于构筑我们民众的幸福生活是何等重要。我们不禁要问,在中国国策要求城市人口平均密度要达到每平方公里1.5万~2万人,也就是居住区密度要达到4万~5万人(国内一个城市的面积一般而言大概10%的道路,20%为绿化带,工业区20%左右,10%公建,40%生活区)的情形下,城市居住区的密度指标就不能疏密有致,高低有态吗?商业区就不能高覆盖率吗?工业区就不能高容积率吗?老城区的覆盖率和容积率就不能维持原样吗?大量的居住区绿化就不能划为私家管理和使用,以摆脱无人管理或耗资不菲的难堪情形吗?而控规中所谓的沿道路红线的建设退距红线更是莫名其妙,以致造成中国每个大大小小的城市均有的道路两边建筑零乱、边际凹凸、高低杂乱、相邻建筑边际胡搞,沿街建筑台阶因无人管理而乱搭乱建的恶劣通病。至于街区尺寸为什么不能依据纬度、气候的相异而在中国的东南西北推出以长方的南北向为主或东西向为主或东西南北兼顾,并将商业街区尺寸缩小,道路密度加大,居住区南北尺寸缩小,东西加长,工业区消灭方格路网,强调宽广线形道路骨架等等不同的措施和方法呢?而人行道、围墙、项目与项目的边际分隔等等,更是需要许多详细的控规指南来进行整体要求。这些工作应该追责所谓的规划设计研究院的人才们的毫无作为。

城市,作为物质和精神的巨量聚集物,在无序和有序相互依存的古典时期之后,居然让现代人对城市文明的结构有了生长性的生物有机的评介和判断。而刚刚过去的二十多年的中国城市发展,却让我们不能苟同这种有机的美好城市变化在中国的……

第一篇 问题篇

8、关于城市设计

西方人在经历工业革命和二次世界大战,以《雅典宪章》的原则大量修建了堆堆乏味的混凝土城市以后,终于在20世纪60~70年代对现代建筑规划设计方式有了强烈的反省。从而开始从人的角度、从文化生存的角度开始了对城市规划和建设的人文性质的探讨和研究,从而有了现今的城市设计内容的推展。说起来真是令人啼笑皆非,人类古典时期依据社会和自然几百上千年累积的城市文明,在被外科医生手术刀式的现代设计规划师的屠宰后,其幸运留存的遗影仍让现今一心一意追求物质的人们欲罢不能,重新回归复杂的人性。可见所谓现代方式是何等的苍白,而人类的历史对于各地域的舒适生活又是何等的重要,并且当前世界所有所谓的城市建设教育又是何等的幼稚,以至于到20世纪60~70年代才有了慢慢成熟的反思。

人类从自性的原因,在统治理念和顺应自然的原则下修建城市,并且将城市修建得美妙无比。现在却要从专业角度进行城市的设计,在某些方面应该存在相当的误区。从当前在西欧很有名气的罗伯·克里尔的大量城市设计方案图和少量实施后的成果来看的话,便发现这所谓的"设计"仍是那么僵硬。这便是所谓"优秀"的思想,没有精到的空间构筑技术,即便有了这样的设计技术和实施图纸,如果没有政府和开发商的支持,也产生不了好成果的原因。从美国人K·林奇提出的城市设计的通道、边际、结点、区域和地标要素来看的话,这样的城市设计方法也仅仅是

Design perfect city
设计理想城市

空间性的，其对社会的研究仍相当欠缺，是否能符合市场的要求，符合社会的要求，是否能产生和谐的社区关系等等仍是未知数。由于当前全世界城市建设的规划和建筑设计均是在少数人掌控权力下的技术操作，因而对完美的城市设计方法的讨论有些不可能。因此，对于一个城市来说，从规划的角度将城市的总体规划和控制性详规，在以科学理性主义思想原则下进行了完整操作后，具体的街区性的城市设计和修建性详规是否能有更多的普众性细分的操作呢？在英国人写的《营造21世纪的家园》一书里，笔者看到了这种操作的可能性——也就是恢复传统，将地块尽量划小，建立一个基本建设原则和指南即可，从而在一个街区能产生上千种多样性。

中国的专业规划人员总是抱怨说，由于人手不够，所有城市基本不可能搞什么城市设计，搞什么琐碎的设计指南。于是，中国的所有城市均成为杂乱的大量类似于构筑物的堆积场。其实，本质上来说，没有对每个城市街区的控制性、方案性的空间及社区设想，城市的控制性详细规划也是一种茫然的产物。因此，城市设计最重要的意义应该就是将片区内的道路、街区尺寸、地块划分、广场布局、自然场所的布局、社区未来的结构形成推理在方案性质的程度上进行空间布局，并将分项建筑设计以外的公共部分设计进行细致明确的指南要求。这就完全可以了。根本没必要像罗伯·克里尔的实际操作的那样，成为一个片区大项目的总设计师（这样的大项目经常是几平方公里，甚至有十平方公里）。最终这种在一种意图执行下的城市设计就成为另一种乏味和单调以及缺乏人性和活力。

> 城市,作为物质和精神的巨量聚集物,在无序和有序相互依存的古典时期之后,居然让现代人对城市文明的结构有了生长性的生物有机的评介和判断。而刚刚过去的二十多年的中国城市发展,却让我们不能苟同这种有机的美好城市变化在中国的……

第一篇 问题篇

一种类似建筑设计草图方案性质的城市设计,为控制性详细规划提供依据,但让其操作进入到一种以中小企业为主的操作层面,这是和谐健康社会的需要和发展方向。将地块划小,城市的每个街区将会极大的恢复人性和活力。中国的那些名气极高、财大气粗的开发商们的所谓的大楼盘急需在城市设计的基本要求下来彻底纠正思路,这应该是规划政策急需警醒的地方。

9、关于修建性详细规划

由于连城市设计这样的过程都难以产生,中国的修建性详细规划便只能在控规的基础上对红线、退距以及技术性修建指标加以圈定便算了事,这就是专业学术书刊及城市规划管理将其弱化的原因。其实,如果要达到设置修建性详规这一规划实施过程的想法,那就必须将每一地块的建筑设计总平面和街区公共空间总平面合而为一、整体协调才行,不然的话这个规划过程的设置便是盲目的。对于每座城市中的金贵之地,如老城区、重要商业区、文化区、行政区便可完全如此进行。想来,在城市的文脉区域进行整体优质的打造,实乃城市领导门的宏大心愿之一。然而在当今的中国,很多城市领导们急需搞清楚的是,这种金贵区域的优质结果的形成,最最需要的首先是思想的正确和深远,以及具有极佳人文未来价值,而不是什么技术性的领先水平的引进和导入;最最需要的是对社区文化的详细整体分析以及对社区阶层结构的和谐而极具地域文化价值的建构,而不是

Design perfect city
设计理想城市

营造什么假象的旅游景观、文化景观和空洞的商业景观。这便是在中国城市里大量出现的片区打造失败的原因。而少量优质的修建性详细规划对于任何城市来说其实是必须的,它们是任何城市的地标区域,极其重要。且极需最人性、最地域、最高贵的思想来构建,而不能由平庸而单一的所谓专业人士来独自完成。

10、关于建筑设计

由于规划的原因,建筑设计在总平面上与城市道路和相邻建筑之间的关系,以及项目本身总平面的内部关系的误区相当多。从城市设计的角度来说,项目的裙楼根据道路的宽度该多高?底部一二层的处理该怎么样?项目与城市道路相接的车行出入口为什么要将人行道打断?其临街商业的出入口的台阶与人行道的关系为什么会杂乱?有些项目甚至用围墙将建筑与人行道相隔。中国的城市里极常见的二层不大的出挑下的空间相当怪异,且出挑下的台阶无比杂乱,而相邻项目之间为什么要用杂乱的围墙相隔?以至于作为用建筑围合出的城市空间毫不人性,极无使用价值和审美价值。而一个街区,由于这种土地出让时无比混乱的、毫无未来空间考虑的用地红线的划分,所造成的人为街区空间阻隔,极大地阻碍了市民的方便出行,也让整个街区失去活力。

至于项目内部的总平面设计,由于对花园式住宅的追求,以致造成项目内的绿地大量成为欣赏性景观而参入性不足。由于

> 城市,作为物质和精神的巨量聚集物,在无序和有序相互依存的古典时期之后,居然让现代人对城市文明的结构有了生长性的生物有机的评介和判断。而刚刚过去的二十多年的中国城市发展,却让我们不能苟同这种有机的美好城市变化在中国的……

第一篇　问题篇

各种奇怪广场和水景的设计,以致让居住性的住屋向虚假性的公园住屋靠拢,从而缺乏社会性,缺乏邻里关系。只能靠管制性的物管来统一院内关系,从而让所有的居住社区成为中国特有的单位大院。那些各式各样的城市公共项目,由于规划的原因,其庞大的误区便在彼此相邻的公建之间的关系上,因为乱七八糟围隔造成了公共不能公共。地面铺装以及设施配套的各自为政,更是总平面极其缺乏整体城市设计的原因。

笔者认为,建筑设计中,总平面设计重于平面、剖面设计,而平面、剖面设计又重于立面设计。因而相应来说,中国建筑设计中的平剖面设计的误区所造成的城市化质量的问题,相对可以忍耐一些。不过由于整套建筑设计规范和消防规范的原因,中国所有建筑的房间大小和层高以及走道和楼梯的设置等等,均有值得商榷的地方。因为单是尺度的问题,就应该有南与北的差别,更不说其他方面。这便是为什么中国的沿街商铺底层空间浪费巨大的原因。中国正朝着节约型可持续社会的转变,而节能建筑就不仅仅只是处理开窗面积和围护墙的保温隔热了。如果从少耗能、少污染的角度来设计单体建筑和房屋的话,那么,面积够用,家具设施少而精当,开窗够大,虽窗材较贵但极保温,层高够用但不太让人难受,走道、楼梯、电梯配置适当、项目停车位也适当的平剖面设计,将更有利于未来发展。其实,传统城市在道路宽度、人行道的宽度、房屋开间的大小、层高及屋檐线的高度等等,均是基本以够用就行。只有那些富人和权贵聚居之地才会选择大而无当的尺度。现今,对于建筑设计来说,大尺度基本就是大浪费,多配置也是多浪费。

设计理想城市

与规划领域从百年前的幼稚逐渐在近十几年走向成熟相比,建筑学这几十年的发展却极其浅薄。而这种结果的出现,便是由于建筑学将主要精力置于建筑的体量和表面形式上。不管什么现代建筑也好,后现代也好,文脉地域建筑也好;还是什么解构主义、新古典主义、折中主义等等也好,作为建筑师,不管是西方的还是东方的还是什么其他地方的,这几十年,建筑师们将自身浅薄的美学修养,总是孜孜以求的放在审美形式上,制造噱头,制造浅薄的自我情绪,这便是当今全世界建筑学的极大的误区。全世界的建筑师们以及建筑教育体系里的师生们,由于陷于形式主义这一狭小领域,让全世界城市化的发展并没有呈现出多少可取之处,而只是使大量房屋的修建对城市整体的凌乱表现出一种很大的贡献,以至让今天如此自信满满的建筑界修建出的城市基本不可能赶得上古典时期的任何城镇,太可悲了!如果没有西方近几十年的规划学术的逐渐成熟,估计西方的大量城市也将遭灭顶之灾。

现在这样的灾难基本在中国的各个大小城市均已上映完毕。

而更可悲的是,由于中国近代历史的原因,中国培养出来的建筑学的专业人士,不仅总平面设计不好,在立面形式上的修养就更是一塌糊涂,从而造成了当下中国城市形象的不堪。相当多的建筑物只能称为构筑物,不具有建筑学意义,这便是为什么在中国建筑领域会存在那么一小撮分子,由于自身能够不管用什么主义把建筑在形式上设计得还符合美学原则,便会津津乐道、盲目自信。因为他们与那些不能称为建筑师的构筑师们相比,实有那么一点可怜的资本,想来确实更是可悲。站在整个建筑学的

> 城市,作为物质和精神的巨量聚集物,在无序和有序相互依存的古典时期之后,居然让现代人对城市文明的结构有了生长性的生物有机的评介和判断。而刚刚过去的二十多年的中国城市发展,却让我们不能苟同这种有机的美好城市变化在中国的……

第一篇 问题篇

角度来看待今天中国的城市建筑水平的话,我们与那些西方平庸的建筑师们相比就显得层次更是低下。看来对于审美修养的修炼这一建筑学领域的最基本培训,中国的建筑师们仍是大大的需要进行提高和静心的思考。至于形式上的各种各样的主义,现在看来,文脉和地域仍是任何城市需要选择的基本立场,在此基础上,不管扮酷的现代主义也好,幼儿嬉戏的后现代也好,或是古董的复古形式也好,或是贵族的折中主义也好,或是自然的草坪房子也好,在总平面、平剖面设计精当的情况下,均可展现自己的花哨,从而展示城市文化的多样性。

只不过,现今回过头重新从绿色环保的角度看待中国建筑设计的话,另一需要大力呼吁的是,任何建筑均需用绿色耐用的好材料、好设备来进行产品制造。因为采用不绿色、不耐用的廉价材料制造的房屋产品,对于社会和城市来说,便是一种极其可恶的更大的浪费,从产品历史的整体成本来制造建筑产品,应该是全世界所有建设方共有的价值观。中国尤其需通过设计和建设方的控制,来消灭对环境整体成本不好的多污染廉价产品。

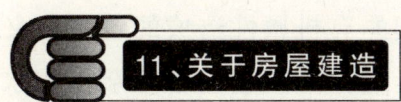
11、关于房屋建造

作为房屋产品的最终端的制造方和装配方,在大地上到处修建房屋的同时,其实也在到处破坏环境,制造污染。就像中国的矿产企业,到处将大地美好的山野挖得千疮百孔后却敷衍治理、一走了之一样。近现代工业文明对地球资源的利用,如果不

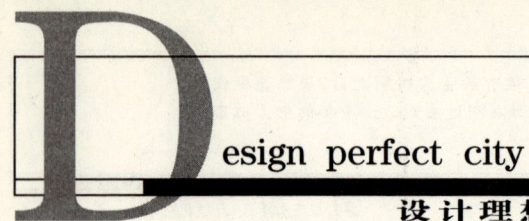

设计理想城市

对自然属性的地理地质环境进行全过程妥善处理和交代,最终这种资源的利用方式将获取更多负收益的回报,从而得不偿失。

很多时候,笔者站在巨大的工地,回想起几年前这里仍是沃野良田,看看眼前这石灰与水泥粉尘将多少万年才能腐殖出的褐色有机土壤污染得一塌糊涂,作为项目设计师,内心里对自然和生命有着深深的内疚和自责,常常会怀疑自己作为所谓自我号称优秀设计师,加入到这样的建设大军是否正确,是否能称为所谓优秀。

人类进入近现代以后,在建造房屋的过程中与古典时期已经大不一样,由于建筑的高度以及建筑的重负荷和用材的大量水泥化,现在的建筑基础已基本不可能像古典时期修建一二层木石结构房屋那样,只需稍稍对地面进行夯实平整即可。大多数高大的混凝土建筑均需对地面进行大开挖,从而将基础式水泥房屋深埋入地下,也就是在地下深处埋入一个与周边土壤不相融的钢筋混凝土大水泥盒。那些地铁、地下污水管、地下人防、地下各种管网均如此。这便是为什么说城市作为一个水泥大底盘的物理性质,将对自然产生很多负面影响的原因。这样的水泥大底盘,首先就使得地表水对土壤的有机属性造成的致命意义的障碍。而大量的地表水经过建设过程污染后的各种杂土和水泥沉浸后,变成的地下水,对整个城市以及城市周边地下水的污染又将会怎样呢?由于这样的问题都埋在地下,大多数人都视而不见,更不要说中国粗暴式操作的施工单位。

从地质学的角度来说,任何占用自然地表修建房屋的建设方或施工方,在挖开地表的时候一定要牢牢地记住那些看视无

> 城市，作为物质和精神的巨量聚集物，在无序和有序相互依存的古典时期之后，居然让现代人对城市文明的结构有了生长性的生物有机的评介和判断。而刚刚过去的二十多年的中国城市发展，却让我们不能苟同这种有机的美好城市变化在中国的……

第一篇 问题篇

甚价值的地表土壤及地下的各层土壤和砂石，那均是地球几万年、几十万年、几百万年自然演化的伟大成果。而所谓具有庇护作用的现代设计所明确通过各种设计规范要求的荷载，在遇到自然灾害（地震、山洪暴发时）便成为杀伤人类而不是庇护人类的凶手，这便是古典传统时期的木结构房屋的垮塌，不会比现在的水泥砂石房屋垮塌所带来的灾害更大的原因。正如老子所言：祸福相依也！因此，任何好的东西均有不好的一面！对现代文明尤其要以此观点来看待。在这个所谓高科技横行的世界，要将石变成卵石，将卵石变成砂，再将砂变成有机各性土壤，基本是不可能的，尤其是要变成那些对地球大自然的生命极其重要的有机土壤更是不可能。这便是为什么现代农业的垦种方式对自然的最大副作用，便是对土壤属性的巨大破坏的原因。因此，在修建房屋时一定要非常珍惜这几十厘米厚的自然土壤，将其收集，以便房屋修建完后再铺置于地表或出售给其他需要有机土壤的工地或废地改田的地方等等。而地表下的各种土壤或砂石或石材等等均可采集利用。至于施工过程中，在混凝土搅拌、外墙粉刷、外墙砌筑、现浇等等让水泥和石灰以及其他建筑废渣、建筑粉尘在项目土壤里、空气里到处遗留的现象，尤其需要进行管理细节全程设计，以便控制这种在中国土地普遍出现的恶劣状况，从而减少对土地属性和空气质量及地下水质量的破坏，另外也减少了材料的浪费。这便是为什么说节俭同时就是环保的原因。

从垃圾制造、垃圾回收到垃圾处理的角度看，中国所有工地均是一个短时期性的污染大户，更不要说工地遍地都是施工人员丢下的各种各样的生活垃圾等等，所有这些东西与各种建筑

材料废渣场被乱七八糟埋在每个表面光鲜的楼盘之下。这些楼盘还被所谓的营销企业拼命取名为各种让人恶心的洋名。所有的业主们如果知道自己房屋下的土地是如此糟糕的话，这样的恶心只会更加加重，从而让人难以安居。

由于中国建筑设计粗糙的原因，那些大量房屋以装修的名义被房主乱拆乱敲，所制造出的大量建筑垃圾和污染也在每一个刚刚修建完的工地到处出现。于是刚刚盖好的房屋、好好的绿化带等等，又再遭一次破坏。出现这样的结果，一方面是政府对行业管制的不严格，另一方面更是开发方、设计方、施工方不将房屋产品当成一个生活中完整产品进行制造的原因。中国的建筑业太落后了，太需要向家电行业学习，向汽车行业学习，将产品的制造过程进行对自然、对社会的全成本控制（主要包括环境成本），从而生产出环保产品。

12、关于环境评估

西方的现代文明发展到今天，在世界上形成了所谓少数发达国家和多数发展中国家。按现在更细致的划分，又分成了所谓进入信息时代的后工业国家、现代化工业国家，正在进行工业化的发展中国家以及极少数所谓落后的仍处在农耕时期的传统农业国家等。其实，从本质上来说，发达不发达，依传统的标准便是物质丰不丰富，生活用品完不完善，交通交流方不方便等等。也就是原来中国传统语言里的"衣食住行"。与古典时期自给自

> 城市，作为物质和精神的巨量聚集物，在无序和有序相互依存的古典时期之后，居然让现代人对城市文明的结构有了生长性的生物有机的评介和判断。而刚刚过去的二十多年的中国城市发展，却让我们不能苟同这种有机的美好城市变化在中国的……

第一篇 问题篇

足的农耕经济不同的是，今天的所有物品的生产带来的物质成分难以为地球环境自然降解，从而对地球自然产生污染，产生破坏，对人类这一自然产生出的生物性质动物的家园产生不可避免的灾害，影响地球的物种发展。总体而言，我们在某种程度上有可能处在人类文明史上最危险的阶段，这便是现代工业文明带给人类的巨大的负面影响，也是由于现在的科技文明对物质和生命的了解还处在非常浅薄的初级阶段，从而对物质的使用还相当的落后，难以达到地球自然各自平衡的水平的原因。

　　从这样的视角，来看待全世界各类所谓发达不发达的国家的产品生产，我们便会发现无论是制造业，还是畜牧业，或是所谓现代农业，现代矿业等等，它们均有着对地球资源破坏和对地球环境产生不可逆转的污染的坏作用。现今的技术又难以使这类恶劣影响得以避免，那些所谓进入信息时代的后工业发达国家也只能通过种种同时也产生污染的设施来降低污染的程度。而现代农业对化肥的使用和对机械化的追逐，让地球表面看来还能再多养活十几亿人，于是，当下的地球文明便只能在这种妥协折中的情形里，尽可能地将环境保护好一点。这便是为什么当下各行各业里均会产生环境评估的原因。在中国，这项来自环保部门的要求成为强制性措施还是最近几年的事。有些地方有可能还没开始，或者只是应应景或做些虚假行为，就像建设了污水处理厂却不开动它们一样。

　　从这种地球自然的全面角度评估任何行业，环境评估就不仅仅是工业和城市开发的了。其实当今农业的耕种方式也是很大的一个问题，因为无机化肥杀虫剂的大量使用，改变了土壤的

Design perfect city
设计理想城市

有机结构,污染了地下水,而种植品种的单一对自然植物的多样性的改变也同样会对土壤的多样性和动物的多样性产生改变。至于中国农村的生活方式对环境的污染同样也是相当严重的,其中最主要的是所谓现代工业带来的生活用品的污染。这包括洗涤剂、塑料制品、大量含有毒化工物质的家具、成衣制品等等。作为城市以及工业化和现代化所代表的交通运输、通讯、工矿行业等等,对自然的污染和影响就更是巨大。因此,从环境评估的角度,所有的行业都要对自身对地球自然的物理指标(包括空气、水、土壤、植被、景观、地貌、各种物理波、磁场等等)的影响加以考虑,包括在前文房屋修建中所提及的建筑业或基础设施行业。

作为现代文明的伟大成果——电力对当今世界的影响是如此巨大。发电,在中国也是有着很多负面的内容。尤其是水电,对自然河流的改变极其巨大,不仅影响了河流的生态系统、自然景观,也将原来流域的耕种加以系统改变,人的系统随之变更。改变这一切的水坝居然只能用几十年,但被改变的系统却是上千年也难以恢复的。

对于世界各国来说,二氧化碳的排放量成了国与国之间相当猛烈的争论话题。由于各国对于所掌握的技术能够实际运用程度的不同,许多发展中国家在生产产品时对污染控制相对欠缺;多数发达国家,由于追求所谓旺盛的现代消费生活,而不是追求节俭的绿色的高质量生活,因此也制造了更多的污染。现在,相互指责也无用,只能各自尽最大可能将每个企业、每个行业、每个城市、每个村落、每块农田、每片山林等等,从地球的物

城市,作为物质和精神的巨量聚集物,在无序和有序相互依存的古典时期之后,居然让现代人对城市文明的结构有了生长性的生物有机的评介和判断。而刚刚过去的二十多年的中国城市发展,却让我们不能苟同这种有机的美好城市变化在中国的……

第一篇 问题篇

理指标的平稳性出发,要求它们采取一切可能的技术和相应的成本来改善目前的状况。想必这便是环境评估对社会、国家和人类的重要意义。行业的设定其重要性,其实远远超过那些自以为是的什么规划建筑,以及什么大红大紫的娱乐业等等。因为它们所涉及的是人类生存的未来自然物理属性。而作为环境评估,确实应该站在地球物理属性、地球各类资源的最饱和使用度的立场来评估人们的生活方式、人类的发展方向、人类的工业、农业、手工业、运输业、人类的交通方式、人类的城市化水平等等。因此,应从社会、国家、地球的可持续发展的角度,来看待现代工业文明和传统绿色农耕文明的生活。其实,那些空气清新,山清水秀,生活自给自足的所谓偏远落后地区的生活方式和朴实社会,实在有极可取的地方值得我们羡慕、学习和借鉴,这也便是所谓信息时代的后工业国家在极力效仿的地方。而中国这个巨大的发展中的国家,又何不早点在思想上对绿色而节俭的可持续的生活方式进行大力宣扬呢?那些一天到晚只关心庸俗话题的媒体,为什么不在这方面多花点心思,从而将社会更容易推向和谐,以免在不富裕的情况下去相互攀比,去追求一种对社会、对国家、对人类、对地球不好的所谓奢侈的现代的生活方式呢?

在环保领域更应在思想上、在生活方式上,对全民该赋有的重要责任,而不仅仅是进行现实情况的管理和治理。

Design perfect city
设计理想城市

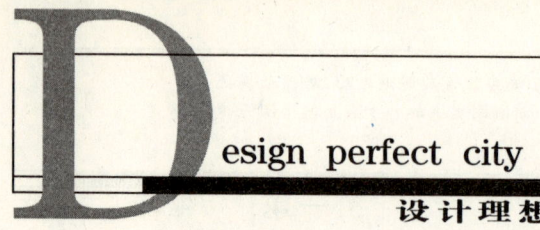

13、关于市民参入和专家意见

市民能够参入城市规划、城市建设或最起码自家的建设，在现在的中国基本是不可能的。因此，看到简·雅各布在她的《美国大城市的死与生》书中所述说她很喜欢在社区法院作为市民，旁听某项社区建设项目的听证会，并能自由表达市民意见和看法以及提出某种想法的情况，笔者对所谓西方的民主便有了这具体事实上的好印象。说实话，与这个世界上任何地方的古典时期相比，美国的这种市民参加项目听证会的好事情，其实也只是一种在整个社会被专家、专业人士、政府官员控制的情况下的比较少的市民参入。因为古典时期的家家户户，只要满足了官方制定的基本条件便可依据民俗随意建设自己的房屋。也正因为这样很宽松的控制，古典时期的城镇才会让我们这些所谓现代的专业设计师如此惊叹不已而难以企及。这便是为什么西方人即便有了这市民参入规划建设上的程序，而其城市建设和社区建设仍然相当僵硬、单调的原因。因为所有的市民想法和意见最后被项目设计师整合后，在一片大区域的土地上被建设得相当的具有设计美感和合理性，于是那古典时期街坊里的大量个体性和少量的非理性便难以具有。而我们已经知道，在一座充满人性的城市里，其理性的整体下必然包含丰富的非理性，社会才会完整。这也便是为什么西方人在规划和建筑领域即便搞出了所谓的城市设计这一设计科目，并在所谓通道、节点、区域、边际方面抓住了城市空间关系的重点，但依据这些城市设计原理修建

> 城市,作为物质和精神的巨量聚集物,在无序和有序相互依存的古典时期之后,居然让现代人对城市文明的结构有了生长性的生物有机的评介和判断。而刚刚过去的二十多年的中国城市发展,却让我们不能苟同这种有机的美好城市变化在中国的……

第一篇　问题篇

出的局部城市仍是相当的不能让人满意的原因。而中国就更是由于连这可怜的市民参入都极其匮乏,而只能让每一座城镇被专业人士和政府官员们打造得表面井井有条却常常让人如临兵营大院。要不是由于没有过多规划和建筑设计细节的制定,从而留给市民在道路边际线的大量地方制造些混乱,以及城市大量小商贩与城管猫捉老鼠式地制造些城市活力的话,中国大量的城镇应该是相当乏味的。即便目前中国的城市建设让市民进行参入,而由于现今中国这一套规划方式和建设方式所推出的每一个项目,其规模均相当的大,最后的结果也只能是比现在的情况稍微好点而已。不过如果让大量的市民对城市里的道路、人行道、商铺前的台阶及顶部空间、街区绿化、行道树、人行道绿化、临街一二层建筑、整个街区建筑及形式等等,从生活的角度提出居民式的要求的话,中国的城市应该会比现在更舒适、更人性、更有活力。关于这个问题将在本书第四篇"修正篇"里展开讨论。虽然现今城市建设方式下的市民参入作用对最终结果的影响难以完美,但通过市民参入及大量生活细致性要求和意见的收集,对于过于粗糙的中国规划、建筑设计领域来说,应该不失为对整个设计领域规范和细则的重要来源和更改方向。对于那些一天到晚埋头于办公室里绘制图纸的设计人员来说,他们的头脑里仅仅是大量的规范和套用原理,真实的生活及其改变似乎对于他们来说现在是越来越难了,而这样的技术水准实在是太糟糕了。

至于专家的意见,作为决策者的政府官员来说实在是一面双刃剑。全世界的专家均具有强烈的个体性,大量的专家虽然在

Design perfect city
设计理想城市

各自的专业领域有着相当的思考和行动准则，但对于实际操作的社会情况及实际操作的具体细节却常常不能深入，经常造成最后实施结果的大走样。而城市规划和建筑设计所介入的领域却是人类的社会生活并最终要产生的文化生活等等，但是中国这方面的大量专家却常常落入形式主义的小坑而不能自拔。对于整个社会来说，却由于专家意见的权威性，从而使得大量不合理的项目被政府官员随便执行，以致在中国产生了大量浪费土地的开发区，浪费城市中心资源的假大空广场，思想落后的CBD，虚假现象的假人文景观区，空洞、浪费资源的城市行政中心等等。在这些项目的背后到处都有各类专家的身影。因此，中国城市化质量不太高的责任理所当然地有这些专家的份，而那些原本在许多城市存在大量的极有人文价值和社会价值的老城区更是在许多专家的沉默和暗许下被基本拆毁完了。

作为一项城市建设项目的论证，仅仅寻找几名有名气的专家进行几次讨论和定夺是相当片面的。对于任何事情来说，思想系统的不完整性和技术能力的相当欠缺，将不会顾及专家意见并把事情搞得相当走样。而对于中国的城市化方向和手段来说，真正需要的是完整的可持续发展理论，和方方面面的细致设计原则、方法及实际操作程序。大量的就事论事的专家意见应在实践中慢慢变得更整体，更原则，更规范。一个国家和地区有了这样的整体发展原则和规范，那么大量的专家也就不需要到场了。包括西方的实际操作也同样如此！

城市,作为物质和精神的巨量聚集物,在无序和有序相互依存的古典时期之后,居然让现代人对城市文明的结构有了生长性的生物有机的评介和判断。而刚刚过去的二十多年的中国城市发展,却让我们不能苟同这种有机的美好城市变化在中国的……

第一篇 问题篇

14、中国当下城市化质量在社会和物质两方面的评估

对于大多数国家来说,城市生活的幸福是否基本代表了这个国家的幸福水准?前面大量问题的讨论主要还是基于人们生活的物质世界,而一个和谐社会的城市制度在民众心目中的满意度,却是极重要的层面。对于各型各类的人们来说,身处任何社会和国家,其首要的便是长大成人以后能在地球的某个地域寻找到一份自己力所能及、且起码能养家糊口的工作,这样的要求无论发达国家人们也好还是发展中国家也好,均如此。今天的中国,由于农村人口的众多及人均资源的相对不足,在任何城市均展现出一种普通大众在城市的每个片区辛勤劳作的平民景象。虽然作为地域中心的任何城市,其财富、人才、技术、资源的聚集,让城市成为本地域的资源中心,然而毕竟各行各业的所有大大小小的领导层均只占据了城市人口的少数,而大量的城市人口均由小职员、普通公务员、工人、第三产业服务人员、闲散城市平民以及大量流动人口等构成。即便是一个人口很少的乡镇,多数镇民所从事的也是第三产业,而少数赚了钱的老板和镇上的公务员只能占据人口的小部分,这便是在前文里说到的城市人口结构的金字塔形。这种金字塔形在大多数西方国家的城市也基本如此,这也便是为什么大多数城市的产业结构均由第三产业占据首要地位的原因。一座城市的最终目的竟然是让本地域相对富裕的人们过群居生活,而大多数普通民众在为各类富人提供服务的同时,也为自己在这座城市的定居生活相互提

设计理想城市

供着一种服务。这种城市对人类的意义很重要。

　　每当路过城市新发展出来的一些城区，看到那些动辄五六十万、上百万的花园式住房，再看看路边马上要被拆迁掉的城边郊区农宅，大量在这些简陋农宅里租房打工的男女青年，以及大量在工地建房修路的辛苦的农民工，自己常常在想，如果城市都修这样与西方普通大众相比也差不多的房子，那么这些在城市各行各业打工的年轻人和农民工，以他们的收入他们又住什么样的房子呢？这也便是为什么大量北漂的年轻人，住在北京城边简陋透风的农宅里的原因。在中国，这是一个普遍现象。在日本，这样的年轻人应该住在离地铁不太远的城郊的单间式的多层青年公寓里吧，除开房子质量和周边环境要好些，生活的辛苦和社会生活的贫乏也是相同的。因此，前文里说到中国大量的大城市周边占据城市面积20%左右的城乡结合部，其在城市功能中的作用就可了解清楚了。这些对城市环境造成大量不良影响的城乡结合部的郊区农宅，很大程度上起着给这个城市大量外来打工者的临时居所的作用。而那些所谓的脏乱差的"城中村"的作用也同样如此。这样的城市片区从城市物质环境上，虽然起着不良的影响，但对于城市社会结构的配置却是不可缺少的，起着不可替代的作用。没有它们的存在，这些城市的任何领域在消费成本上均会大量上升。

　　本质上来说，人类社会这种金字塔形的社会结构，笔者认为在任何阶段均是难以摆脱的，而西方社会所谓中产阶级的绝大多数其实正是这个金字塔形的基座。只是说，由于经济和物质的发展水平比中国相对高些，它们的基座部分的普通民众生活质

> 城市,作为物质和精神的巨量聚集物,在无序和有序相互依存的古典时期之后,居然让现代人对城市文明的结构有了生长性的生物有机的评介和判断。而刚刚过去的二十多年的中国城市发展,却让我们不能苟同这种有机的美好城市变化在中国的……

第一篇　问题篇

量要好些罢了。

基于对任何国家民众结构的此种认识,我们现在也就理解了为什么像美国这样的国家,居然率先提出了新城市主义中混合社区的理念。按理说,它们那些大量普众的中产阶级应该均匀地住在城郊别墅区才是合理的。而正由于中产阶级对于美国社会的大众性,也就注定了他们只能在国家社会结构中处在基层,从而过着一种基层民众相互需要的平民社区生活。那独处郊外的静僻豪华生活,本质上来说是需要配置众多服务人员的富人们才能得以享受的。不然的话,就要被折腾死!

作为当今迅猛发展的中国城市,那些坐在城市规划设计研究院的规划师们,他们在规划城市的片区功能、规划城市的居住片区及其城市的各种功能配套时,是否在一座城市需要正常运作的情况下,作出过对城市社会结构各阶层的多样配置和考虑呢?是否有考虑到中国当下经济水平和各阶层经济收入有着相当大的差别呢?且各阶层又非常的相互需要下的街区社会结构与街区空间结构的配合,居住区社会结构和居住区空间结构的配合,城市片区社会结构与城市片区空间结构的配合,最终是城市社会结构与城市空间结构的配合以及城乡社会结构与城乡空间结构的配合呢?其实,在西方的规划领域,在社会结构与空间结构的相互协调方面做的研究也很少,也很不全面。但并不因为这样,中国的专业人士们就能放低自己对社会负有的专业责任。

随着中国经济学和统计学的逐渐成熟,人们已经从各类报刊、杂志、网络上越来越了解中国经济收入的大致走向和分类。而与许多所谓收入比较平均的西方福利性资本主义国家相同的是，中国这种收入差距比较大的国家，其社会财富的配置大致也与西方较完善的资本主义国家相同。也是符合"二八"定律，即20%的人占据着80%的财富，3%左右的富人占据了1/3以上的财富等等。这个比例，全世界不同制度的国家都差不多，这也便是社会结构以金字塔形存在的经济表现吧！

其实，人类从思想、技术、社会能力、行为能力等等展现自身价值和能量的方方面面，无论在哪个国家、哪种制度下，均大致分为上、中、下的不同表现，并最终对自身的生活结果带来大致分为上、中、下的不同水平。任何国家和任何体制如果忽视这种人性的不同和能力的不同的真实社会现象而去强求一致的话，必然会造成社会价值观的混乱，并最终带来社会分配体制的真正不均，从而让民众产生迷惑，也不有利于社会的进步和生产力的发展。想必对社会主义市场经济的肯定，也便是对人类自身价值各自的肯定吧！而有了这种对社会结构的客观评价和客观判断，那么在规划设计城市时，我们就应该能够在城市物质空间结构的配置上，据此作出客观的不同生活水准、不同消费配置、不同环境配置的片区合理安排。将本质需要相互提供服务的各类城市民众在少耗能、少污染的大原则下，以人性化的物质空间安排将城市规划设计得功能得当、秩序和谐、环境优美、人文鼎盛，使思想优秀、技术先进、人人勤劳而幸福美满。这便是对于全世界的规划、建筑领域来说均竭力需要追求的高尚境界。

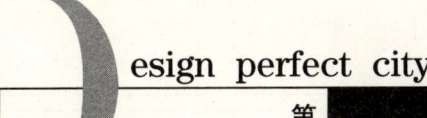

设计理想城市

第二篇 **思想篇**

> **引言：**
> 在今天满地寻找问题和原因的同时，对往昔及当今的城市文明的各类有见识、有影响的思想和说法的梳理，其实也是一件很有意义的事情。

 **1、关于中世纪城镇和古典城市**

作为依据各自地理、地貌和人文情况发展出来的一种城市形态，中世纪城市在当今城市类别中越来越有着无与伦比的各自优秀文明的价值。刘易斯·芒福德在他的《城市发展史》中，对中世纪城市的起源和质量有着与中世纪这一流俗文化概念里代表落后和封建不一样的很高的评价。由于欧洲今天有代表性的大城市基本都是在中世纪的古老城堡基础上发展出来的，而今天欧洲大量留存下来极具文明价值的优美小城小镇至今仍保留着中世纪时候的总体格局，并被今天的民众仍然使用得有条不紊。因此，"中世纪"这个概念在欧洲人的思维中仍是一个相当具象的内容。随着当今西方人对现代工业文明的反思和对地球自然可持续发展理念的真心向往，那种中世纪城镇中顺应自然、简朴实用的群居邻里生活，确实有着无比的魅力。然而对于今天的中华文明来说，不要说中世纪的城镇，就是近古的城市文明成果也基本都没有留存下来，只有极少数的个别城市留有中古时期的特征和格局。大多数留存不多并没有被毁掉的老镇也基本属于

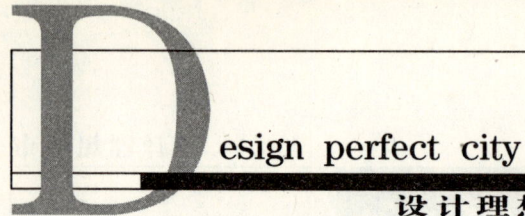

Design perfect city
设计理想城市

距今二三百年的明清时代。这类小镇虽然不像西方中世纪古城镇那么古旧,其城镇形成的原理却基本一致,理所当然地成为中华文明的宝贝。只不过非常可惜的是,这类宝贝本来在中华大地非常多,却由于我们在思想上总是将发展和传承相互矛盾而不是相互依存,总是喜欢用不破不立的革命姿态来看待人与事,以致大量的古董级的宝贝被毁灭后而又后悔。

从对人类生存具有普遍意义的庇护、交往、文化与生产的因素,来看待城市文化的形成,是今天大家的一种共识和总结。中世纪城镇在地球地理地貌中的平原、丘陵、海滨、河岸等等地域中,以最初原始聚落的方式逐年累月发展成一个小村庄、一个小城堡、一个小镇、一个小城,其最终形成的依据地貌自由生长的空间形态和邻里相互依存并共有文化价值观的景况,是当今的现代城市文明极其羡慕的地方。而从可持续的绿色物质技术角度来看的话,中世纪的城镇在城镇尺度、空间关系、街巷尺度、邻里关系、居家空间、房屋尺度、城建材料、城镇与自然的关系、资源获取与废物的安排等等方面,均有着与地球自然和谐的总体关系。这便是人们为什么会说几千年的人类文明均没污染地球,而几十上百年的工业文明却把地球搞得十分紧张的原因。

作为留存至今的中世纪城镇以及中国的古村落、古城镇,它们有着极其珍贵的文化价值、旅游价值。它们那依山傍水的自然空间形态,一二层高的宜人的房屋尺度,自由而又实用的街巷肌理,极具地域特色的房屋形式和外饰铺装,镇民、村民和美而安宁的生活方式与周边田野、山林、河海的融洽关系,确实成为当今城市文明最重要、最人性、最久远的思想母体。大量优秀的规

> 在今天满地寻找问题和原因的同时，对往昔及当今的城市文明的各类有见识、有影响的思想和说法的梳理，其实也是一件很有意义的事情……

第二篇 思想篇

划师、建筑师均从这些古老的城镇载体上，通过细心的体会和研究，提出了许许多多的好思想和好说法。从芬兰的沙里宁有机理论到老芒福德的推崇，以及总结出来的自组织理论等等，确实太多。作为人类文明，最具人性、最具物质形式和复杂完美的空间形态的载体，它们那顺应自然与自然和谐共生的道理与中国建筑文化中讲究风水、讲究天人合一的原理，其实均是一脉相承。由于人类文明中其权力、宗教和文化的共同性，所有的这些中世纪城镇和古村庄均展现出城镇空间的向心性。不管是西方的教堂也好，伊斯兰的清真寺也好，还是中国的王宫祠堂和寺庙也好，它们在这些自由的城镇里均占据了中心位置并有着一种从空间形态和文化心理以及精神领域的控制性，这也便是规划领域里将此类城镇比作细胞而有着有机的自由生长及自组织原理的原因。

随着近古文明在欧洲大地域、大范围的形成，这种王权和神权也得到了能量很大的聚集。于是，在国家一级的都城里，将小城镇的这种向心性在大城市里展现出了一种气势很大、空间范围很广的格局。于是有了大轴线、大对称、大广场、大建筑。其实，由于中华文明很早便形成大地域中央集权的原因，这种大轴线、大对称、大皇宫的建筑群落和城市形态，对于中国来说是一种古老传承。西方人把这种大尺度和大向心的追求称为巴洛克式的规划思想，即是王权和神权的思想。它们与自由生长的中世纪城镇和古村落思想是有所不同的。这种在整个城市空间形态上进行的一种大控制和大管理，应该是近现代所谓"规划"理念的导引者，只不过由于能力的原因，还只能在关系城市中心的部

Design perfect city
设计理想城市

位进行大的控制,对城市的其他市民单元仍能任其发展。这种控制主轴线,放开大面积的营建城市的思想,造就了欧洲的巴黎、伦敦、圣彼得堡以及中国的老北京。它们与现代化的工业文明式的美国纽约相比,仍具有至高无上的价值和优势。

　　从人口的自由汇聚,到聚落内部自然形成向心性的体系,再到大地域范围的强权出现,本质上说,这都是一种人性的充分展示和表达。它们与现代国家对整个国土、整个城市的全部详细的管理和控制,从而形成的现代规划理论是很不一样的。它们形成的城市结果与现代规划理念搞出来的城市也大不一样。这便是我们需要总结的原因,也是需要将中世纪城镇、古典城市与现代城市在思想上进行一个划分的原因。而随着对这种思想的梳理和总结,我们会越来越发现人类城市文明的发展在绕了一个大圈以后,又在相当程度上回归到了一种老子所推崇的清静无为的思想境界里。当然,只能是尽量而为、尽量争取罢了。

2、关于田园城市和霍华德

　　现代工业文明在19世纪的出现,给西方的工业文明发源地城市带来了巨大的变化。原来低技术手工业性质的城市和谐,被一种蒸汽机和动力传递之类的皮带轮圆盘轴,将手工业的作坊很快变成大作坊、大工厂,从而形成厂区、厂业、工业区、仓储区、交通枢纽等等。于是,一个人文十足、节奏舒缓,在留存下来的法国印象派绘画中所能欣赏的优雅、闲适而精致的生活,被搞

> 在今天满地寻找问题和原因的同时,对往昔及当今的城市文明的各类有见识、有影响的思想和说法的梳理,其实也是一件很有意义的事情……

第二篇 思想篇

得呈现出一派精神分裂的模样。大量的农村移民、打工者将中产阶级的居住区塞得满满当当,街道作坊将原来的后花园变成了充满噪音、污水流淌、空气恶浊之地。于是,有钱人便开始向郊区逃去。那时伦敦恶劣片区的人口密度居然达到每平方公里10万人的吓人境地。比20世纪60~70年代中国上海的老城区还恶劣。伦敦这个19世纪早期工业文明时期的城市其物质和社会环境是如此的恶劣,从而产生了对资本主义大力批判的马克思主义,也产生了法国的空想社会主义。作为这个时代的英国人霍华德想必也受种种对社会各种改良主义的影响,提出了对伦敦这个拥挤的巨大城市进行分散,在城外一定的距离建立每座人口不超过3万人的新田园城市的设想,以解决恶劣的城市病。从此以后,整个人类的城市文明便渡过了它自然发展的充满人性的美好的自组织阶段,而进入一种被城市管理者以全面管理控制的方式来对城市及其周边区域进行资源控制和分配,以及各种功能分布和人口安排的规划性质的所谓它组织阶段。

今天的大多数规划和建筑学领域的书刊,始终仅仅站在各自专业的角度对霍华德那张十分可笑而作为规划专业又十分早期的田园城市的设计图进行了大量的介绍和分析,并对他给英、美、澳设想的郊区新镇的生活方式,以及后来出现的卫星城的城市疏散方式给予很高的评价。然而,由于霍华德的社会改良主义带有强烈的空想主义成分,也由于他在技术上对城市作为地域中心具有各类资源(包括文化资源)不可抗拒的向心性这一实质问题的疏忽,从而造成了他的想法成为西方城市无序蔓延的开始。那大量在城郊修建的中产阶级居住区,成为死气沉沉的睡

设计理想城市

城,那所谓的卫星城由于功能不可能达到同中心城区似的完善而备受冷漠。此外,作为对城市文明以冷冰冰的功利态度进行各类安排和分布的始作俑者,他的出现改变了城市文明早期自有的自组织的人文模式,开创了西方的功能理性主义的它组织阶段。这便是为什么简·雅各布在大骂勒·柯布西埃的时候也会大骂霍华德的原因。而刘易斯·芒福德却对霍华德赞誉有加,极力称赞霍华德对西方早期工业文明城市所表现出的焦炭城市特征进行积极改良,并对社会结构进行积极安排的举动。老芒福德似乎挺喜欢霍华德设想的田园城市,并认为这类田园城市环境优美、民众祥和、社会关系简单。他自己便一直住在这样的美国小镇直到去世。

  由于霍华德对他的田园城市仅仅在物质空间方面进行美好设想,而对城市结构的安排又完全陷入一种强制性的自认为合理的情形,也就完全忽视了自然人性的社会结构在此类田园城市的自我构建和自我成形。这类田园城市在城市郊区演变成的花园城市,对现今全世界城市的扩张有着巨大的影响。这便是霍华德作为西方式的仅仅喜好在具体物质层面上进行城市改变和社会改良分子的相当该挨批评的地方。同样作为西方人的佩里所提出的"邻里小区"的概念,虽然来源于对传统城市街区的分析和研究,但由于也是与霍华德同样的思维方式,以致这类邻里小区也仅仅只是从物质性的空间层面来进行一个城市小区域的功能和空间安排,而完全忽视了社会结构的自然人性的自建,使得构建出的城市居住小区极其缺乏人文价值。

  一个多世纪已经过去,霍华德作为那个时代的社会空想家之一,也跟另一个社会空想家圣西门一样,对当今的社会产生了

> 在今天满地寻找问题和原因的同时,对往昔及当今的城市文明的各类有见识、有影响的思想和说法的梳理,其实也是一件很有意义的事情……

第二篇 思想篇

巨大影响,但这些影响到底有多好呢?实在让我们不敢恭维,因为霍华德的原因,后来又产生了更猛烈、更忽视人性的勒·柯布西埃和《雅典宪章》。

从规划思想的总结来看,从此以后,人类一个多世纪的城市文明发展被全面控制和管理式的"规划"所牢牢控制住了。那所谓的无序蔓延均是管理者在城市区域功能划定之后的功利追求所致。全世界的每一个城市、每一片区域、每一个街区、每条街、每条巷、每栋房子、每个院子等等,从此以后,全部就有了管理者和管理条例。于是,美好的人性在全世界的任何地方就难以流畅了,想必这便是它组织出现的可悲之处吧!

然而,由于人类文明在引入"科技"和"工业"两个概念之后,其内容和规模就难以各自自控,这也便是"规划"概念必然出现的原因。霍华德作为现代城市规划的先驱者,其实质上所包括的社会改良空想成分居多却是一种客观事实。因此,在学术上对于他的思想性的评价过高,往往容易让作为后辈却需要努力做好实事的我们容易在思想上产生迷惑。因此,一种批判性的了解和分析便成了必然。

3、关于《雅典宪章》和勒·柯布西埃

世界建筑史在进入20世纪的时候有了一个巨大改变。原来世界各地由不同地域、不同文化产生的不同的建筑形式和城市文化,由于一种骄傲的自称为现代建筑的没有任何地域性,不讲

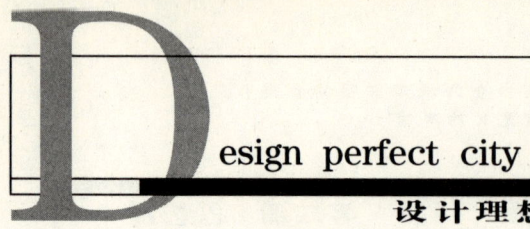

Design perfect city
设计理想城市

究任何装饰,把房屋当成居住的机器,崇尚"少就是多"的建筑流派的出现,对当时全世界所有的城市产生了一种巨大的冲击。至今已过去一百来年了,这种将美好、人性、多元的世界城市文化极力想煮成一锅世界大同的"汤"的阴霾经久不散,在许多所谓高质量的建筑师心目中,至今仍把这种唯功能、求极简、去品种的单一建筑的形式作为至高无上的优秀追求而津津乐道,确实让人匪夷所思!

20世纪80年代初的时候,笔者在大学学习建筑学,由于中国刚刚改革开放不久,对西方并不了解,因此全国高校的建筑规划系统关于这种现代建筑的言论甚嚣尘上。人们满嘴里嚷嚷的全是格雷庇乌斯、密斯凡得罗和勒·柯布西埃等等。现在看来,类似"文革"口号的"少就是多"、"房屋是居住的机器"是多么的偏激,而那些人在提出新观点的时候其精神面貌又常常是多么的幼稚。因为大多数提出新观点的人们的岁数基本都在二十多岁到三十多岁,那些所谓现代建筑大师们当时提出这些观点时也基本差不多在这个年龄段。

欧洲人在19世纪末的时候,将传承了两千多年的古典审美喜好,突然统统推翻,用极其功利、极其革命的态度来看待他们的城市,看待他们的建筑,进而看待他们的生活,实在有点不可思议。想必这是工业文明带来的经济的发展和城市的扩张实在是太快了,以致对产品、对城市、对房屋都来不及细细考虑,只能极简约地敷衍了事。就像今天的中国城市发展一样,根本不管片区以后的社会结构情况,只管大量的整个片区的修建和销售就是。这些被如此迅速修建出来的几平方公里、几十平方公里的

> 在今天满地寻找问题和原因的同时,对往昔及当今的城市文明的各类有见识、有影响的思想和说法的梳理,其实也是一件很有意义的事情……

第二篇 思想篇

居住区将会形成一种什么样街区文化和舒适生活是无人考虑的。按多数人的观点,那便是因为当下的社会先要解决"有",所以质量的问题以后再说吧!

这帮西方现代建筑大师所构成的"现代建筑国际会议(CIAM)"在1933年站在一种对工业文明如何在城市进行安排的管理者立场,以极理性、极功利、极物质的态度发表了非常著名、影响极大的《雅典宪章》。人类史上在城市规划和建筑方面第一次有了这样的共同文件。而起草这样文件的大多是极力推崇现代建筑的建筑师们。想必是由于欧洲文化骨子里对理性和秩序的强烈偏好,以及他们当时面对欧洲城市里由于工业文明的发展到处呈现混乱和低劣的环境而不得不如此的缘故,当时这份文件对城市在物质空间方面的考虑是非常完整和细致。就现在看来,其把城市功能分为居住、工作、休适、交通四大块的划分仍是相当正确,但正如后来的人们对它的很多的批判一样,这份文件对人性和社会的复杂考虑不周,以致按此纲领修建出来的城市冷漠而毫无人性。用一种安排工业生产线的思维和方式来安排民众需要获取幸福、获取交流、获取人文享受的城市,实在是太简单,太幼稚了。作为起草这份纲领性文件的主要人员——勒·柯布西埃偏激的立场应该远远超过他那几位现代建筑大师同行。这些现代建筑大师只是搞搞建筑而已,伟大的勒·柯布西埃却在巴黎构想了他那伟大的"光明城"。这光明城是如此的光明,模样一致的板楼兵营式地排列着,间距空阔,日照极好,楼下平整的草坪如此干净,一望无际。同样宽阔的大道笔直通向远方,路上不见人的踪影,只有汽车在奔驰。这样的东西在

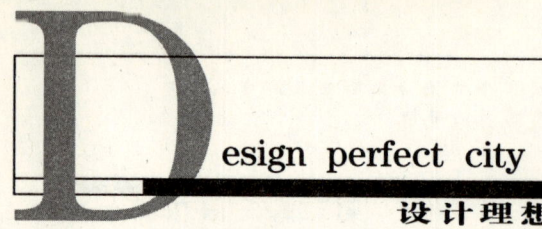

设计理想城市

巴黎没出现,却居然出现在美国的华盛顿。当然,实际的出现不知经过多少改动和对社会的考虑。

这种相当邪恶的《雅典宪章》式的所谓现代城市规划,居然在巴西的首都——巴西利亚被彻底实施并且还在印度的什么地方被建设。最后,这些地方的民众只有捶胸顿足,痛骂这些伪大师们。到了20世纪60~70年代,随着西方到处炸掉这些所谓"光明城"式的板楼,《雅典宪章》和勒·柯布西埃就被矫枉过正式地被彻底否定了,勒·柯布西埃的美好名声便只能在类似朗香教堂那样的小作品里有些留存。而许许多多所谓优秀建筑师们也只能在一些形式主义的东西上面展露一下自己浅薄的才华,就像并非学建筑出生的勒·柯布西埃一样。至今法国这样的形式主义偏激建筑师还在到处搞这样的东西,今天的中国就有不少,并且还被很多大中城市到处模仿。

不可否定,《雅典宪章》的出现是由于人类第一次遇上了工业文明,工业文明又是如此的具有血腥的资本性质,极其功利,极具对人性和自然的破坏作用。西方人在将现代工业文明发展了一百多年后,才逐渐搞清楚机械式的工业文明与大自然各类生命体所蕴含的机能原理相比,太简单,太初级了。不能因为所谓工业文明的原因,而将复杂美妙的大自然搞砸了,不然的话,所谓的高城市化率即大多数人住在城里又怎么会安全,又怎么会不出问题呢?毕竟《雅典宪章》是20世纪30年代的事,那时人类的工业文明才起步不久,而西方人本性里由于喜好理性,以致当时对自然的整体认识还不够全面,才会有那么多思想幼稚的现代建筑大师去追求一种相当片面的理想。不管是现代建筑也

> 在今天满地寻找问题和原因的同时,对往昔及当今的城市文明的各类有见识、有影响的思想和说法的梳理,其实也是一件很有意义的事情……

第二篇 思想篇

好,还是功能分区也好,这都是所谓大师专业人士们的片面之词。作为追求完整社会和自然人性生活的我们,实不可陷入专业语境而人云亦云。

4、关于简·雅各布和刘易斯·芒福德

在人类近现代城市建筑规划史上,一大堆自我感觉良好的规划师、建筑师,被一位美国的报社女记者批驳得一塌糊涂,真是令人不可思议的事。这位优秀的女记者便是已为老太婆的简·雅各布。客观地说,她的那本《美国大城市的死与生》对全世界的城市的发展的影响,应该有着与《雅典宪章》同等的重要地位,而当下的实际影响应该还要猛烈些。这本1961年发表的书,以不落专业语境的独立思考将《雅典宪章》以来的以勒·柯布西埃的光明城,霍华德引出的花园城市和郊区蔓延,乃至佩里的邻里小区等等功能分区、指标僵化、交通至上的城市规划建设,骂得狗血淋头,真可谓对整个建设行业的全盘否定,太让人解气了!很可惜,笔者在大学读书时居然不知道存在这样的思想,反而被什么后现代耽误了不少时间,想来可恨!而现在想想,1966年文丘里的那篇引发建筑学后现代狂潮并带出不少所谓建筑名家的著名的《建筑的复杂性和矛盾性》的文章,其实是受了这个老太婆的重大影响。这位先生为建筑师,自己身为建筑杂志助编的妇人能够在当时的时代里特立独行地发表石破天惊的全面否定的思想,确实让我们看到了美国实用主义不随波逐流的优秀

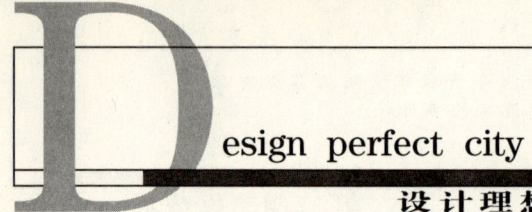

设计理想城市

之处。现在看来,1977年的《马丘比丘宪章》以及此后的新城市主义、紧缩城市以及自组织理论等等思想全受其影响才得以产生。这位老太婆真是太令人钦佩了。而全世界当下的所有"大名鼎鼎"的规划师和建筑师真应该既眼红又颜面丧尽。

只不过当时作为家庭妇女的她在写这本书时,却表现出了无尽的啰嗦,让人阅读时不胜其烦。其实她当时揭示出来的一些真知灼见完全可以条理清晰,篇幅短小很多。这些真知灼见便是极力肯定自然生成的街道、街区、街区小广场,极力肯定低层高密度的传统社区,极力肯定传统街区的市民文化和安逸生活,追求步行,追求公共交通,追求城市空间形态的有机人性等等。所有这些思想,均被后来的人们和理论思潮全盘吸收并发扬光大。相对来说,后现代的建筑思潮却在美国走向了一种形式主义的浅薄层面。

简·雅各布在她这本书的最后总结中交代了她的思想的来源,那便是美国科学家沃伦·韦弗关于人类科学在过去和未来面对宇宙这个物质世界所经历的三个步骤。即先解决简单问题,从而解决无序复杂性问题,最终解决有序复杂性问题。我们人类的城市文明其实是属于有序复杂性问题。但是,《雅典宪章》却把城市文明搞成了简单问题,从而难以产生有序而复杂的人性文化。这便是为什么勒·柯布西埃这批人要挨批的原因,因为他们的思想太缺乏对物质的正确认识、对生命的全面认识,搞物质研究的科学家们却从根本上解决了人类认识宇宙、认识生命的思想问题,从而以一种当代哲学家都达不到的高度看清楚了世界,也顺便给了简·雅各布批判现实社会的能力。我们理所当然地应

> 在今天满地寻找问题和原因的同时，对往昔及当今的城市文明的各类有见识、有影响的思想和说法的梳理，其实也是一件很有意义的事情……

第二篇 思想篇

该向类似于爱因斯坦、霍金，以及这位美国的沃伦·韦弗和提出耗散理论的科学家们致以衷心的敬意。

非常有意思的是，当今规划领域极有名气的美国人刘易斯·芒福德也在1961年出版了他那本所谓影响极大的《城市发展史》。在此之前，老芒福德很早就出版了同样有影响《城市文化》，但简·雅各布却对此批评甚多。仔细阅读芒福德这本砖头式的《城市发展史》后，却很遗憾地发现书中真正称得上优秀思想的东西却不多。想来也情有可原。因为，毕竟是一本史书，是一本相当于西方城市发展的资料收集。然而，从这本书中，我们还是可以看到老芒福德的基本人文立场。他极力称赞西方中世纪城镇并指出其根本性的自然生长的原理的正确性，同时对法国人奥斯曼在巴黎搞巴洛克式的权威规划批评不少。至于对整个人类近现代城市文明的走向，老芒福德却很茫然。除开批评近代工业文明城市为焦炭城外，却极力赞赏由霍华德引领出来的西方中产阶级的郊区的蔓延，这也正是简·雅各布对他批评最多的地方。老芒福德不喜欢所谓拥挤的、低层高密度街道城市生活，他喜欢霍华德式的乡村小镇的生活。既然老芒福德在书中已经认识到城市的本质是人类的幸福生活，而城市是文化的融炼炉，那他又怎么认识不到高密度的人类城市群居生活的重要性呢？作为一本史书，芒福德的《城市发展史》应该是蛮好的，但当下规划领域对他评价过高，却有些不妥。站在一种什么正确方向来认识人类的城市文明并指出其正确的发展方向和提出正确的方式方法，这才是优秀的规划专业人士该称职、称名望而做出的事情。在这方面，非专业的简·雅各布却比刘易斯·芒福德要好

得多。但作为史学专家,老芒福德对规划领域的基础教育的专业贡献却就不是简·雅各布所能比的了。

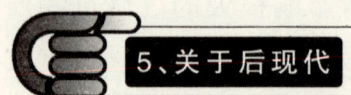

5、关于后现代

说起后现代思潮的起源,观点众多,难以道清楚。因为很多被他人认定为是后现代的先锋人物其本身并不认同后现代。其实,早在简·雅各布批判僵化的现代建筑思潮之前,西方人应该在康德的那个时代就已经在反思西方理性传统文化的优劣了。康德的《纯粹理性批判》便是见证之一。后来的叔本华以及尼采所号召的对人类本性的回归,便是看到了西方传统里顽固、执著的理性主义对人类文化发展的巨大片面性。于是,才会有后来的存在主义以及东方思想里很重要的"当下"的理念等等。

人们需要搞清楚的是,这"当下"的理念与后现代的"后"是非常的密切和相似。不过,后现代思潮里所强调的模糊性、复杂性、多元性等,均是由于尼采和叔本华所强调的人类的本性的丰富发展才导引出来的。因此,在西方思想史里,这两个人是非常的重要。

西方人由伟大的理性科学主义所导引出的工业文明在尼采和叔本华之后,由于其巨大的物质财富效应以及人类社会整体对城市文明的追求,这理性的工业文明越来越强大,以致完全充斥整个人类生活的方方面面。让人们切身体验的城市文明,也由于这伟大的理性主义而造就出了以勒·柯布西埃为领军人物的

在今天满地寻找问题和原因的同时，对往昔及当今的城市文明的各类有见识、有影响的思想和说法的梳理，其实也是一件很有意义的事情……

第二篇 思想篇

"现代建筑国际会议"（CIAM）以及由 "现代建筑国际会议(CIAM)"拟定的《雅典宪章》和世界性的波及西方20世纪50~60年的单调、乏味、无人性的花园式城市生活。西方人在经历了几十年这种因现代工业文明的发展而出现的秩序井然、汽车奔驰、尺度宏大的"光明城"似的现代生活之后，终于按捺不住了。于是，简·雅各布率先在城市规划这个领域向代表西方理性主义的《雅典宪章》和勒·柯布西埃发难，在1961年发表了她那本著名的《美国大城市的死与生》，从而引起轩然大波。当时的西方思想界主流正沉浸在存在主义的探讨里，还没意识到即将到来的在城市建筑领域里对现代主义的猛烈批判。几年以后，美国的文丘里便发表了他那篇号称代表现代主义死亡、后现代崛起的《建筑的复杂性和矛盾性》的文章。于是，一种寻找人性的复杂和多元、矛盾和有序的建筑思潮在全世界的各个大城市喧嚣至极，进而成为一种时尚，一种时髦。由于建筑在城市文明中的巨大的空间性和对生活质量的巨大约束性，这股思潮在西方民众的具体生活里有了一种强大的存在，让这股思潮有了一种巨大的社会影响，以致当时的美国卡特总统和英国查尔斯王子都需要挂在嘴边说说。即便现今的许多书籍纷纷言说后现代起源于什么什么，事实却是，后现代这股思潮是由于建筑界的巨量行为才成为了一种社会运动，其思想上的最早起因应该归于康德那个时代里对西方理性主义的批判思想，而在建筑规划领域，最早的起因应该归于简·雅各布而不是文丘里。名气过大的文丘里在其思想里体会继承了雅各布对城市复杂、多元、有序而矛盾的总包容思想。而在后现代这个词语的说法上，也许引用了很早就在西方文

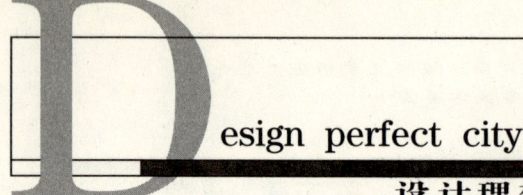

Design perfect city
设计理想城市

学和哲学里出现过的 postmonden 这个词汇。所谓的后现代其思想意识里主要述说的是现代之后，对于西方人来说便是现代的工业文明、科学文明之后，进入一种人性的、复杂的、多元而又矛盾的大包容生活。至于后来所详细研讨出来的"时时刻刻之后"、"当下"、"场有"等等哲学思想上的认识，以致搞忘了后现代主要是对现代的一种反思和批判，那就只能是学术的蔓延了，就像从后现代思潮里蔓延出的文脉场所理论一样。

  非常可惜的是，建筑界的后现代思潮在美国却走向了一种以地方文脉和建筑符号、地域元素为主的，主要在建筑形式上做文章的形式主义方向。在整个 20 世纪 70~80 年代，那些所谓后现代建筑大师在世界各地做了不少色彩鲜艳，形式夸张，元素和符号畸形的、被民众称为迪斯尼游乐园式的建筑，对于真正影响市民生活的城市空间里的复杂性和多元性却关注太少而重视不够。直至 1990 年代，在民众对后现代重于表现形式主义制作相当厌倦，后现代思潮又归于沉寂后，美国人再次回归到后现代思想里关于社会与人类的复杂性、多元性的根本处，重拾简·雅各布的思想转而推出新城市主义以后，这场对西方现代文明中唯理性主义批判而引出的对社会和城市的复杂、矛盾、多元的后现代思潮，才最终走向了正确的道路。这其中，虽然在 1977 年国际建协受简·雅各布的影响，推出了《马丘比丘宪章》，但由于形式主义的后现代在当时如日中天，而没有被全世界多数喜好形式、喜好审美的多数建筑师看重，以致把真正影响市民生活的城市空间问题置于脑后。而诞生于 20 世纪 70 年代的城市设计也默默沉寂到 1990 年代新城市主义的诞生才真正派上了用场，有了

> 在今天满地寻找问题和原因的同时，对往昔及当今的城市文明的各类有见识、有影响的思想和说法的梳理，其实也是一件很有意义的事情……

第二篇 思想篇

大力的宣扬。从卢森堡的克里尔在1970年代推出《城市空间》这本书，到1990年代社会才开始给他机会去实践思想就可以看出，当时的社会是关注了表面，忽视了本质。当然，据克里尔在后来的《城市空间》一书里透露，当时的欧洲并没有落入后现代形式主义的泥坑里。以荷兰阿姆斯特丹城市为首的一批城市很早就在城市层面上实践着后现代思想里的模糊性、复杂性、多元性和矛盾性的城市内容。骄傲的欧洲人自豪地说，后现代在欧洲主要是在城市规划领域发展，想来这也情有可原，因为欧洲也确实保留住了非常多的优美、人性的且完全符合后现代思想本质，且后现代思想本质也应该基本来源于此的极有历史和文化的城镇和大城市里的相当优秀的局部街区。

今天，回过头来评判二十年前非常时髦的后现代，千万不要被思想理论界关于后现代的不可言说的不能确定所迷惑。要搞清楚后现代思想的本质，其实就是要恢复社会和人类在人类文明史上一直传承的复杂、多元性，是对西方近代工业文明所倡导的理性、科学秩序主义的一次反动。于是在建筑规划领域就产生了《马丘比丘宪章》对《雅典宪章》的一次反动和修正。至于什么解构主义，由于对理性、稳定的结构秩序的不满，出于人性的复杂，将此结构秩序统统解散，重新以各自的思想和喜好进行整合，又怎么能全部反对呢？因为它毕竟也是复杂人性里的多元的一种吧。而如果到处泛滥，到处推行，成为一种稳定秩序的话，也就必然招致反对和否定。因为它不符合后现代思想的本质，这也便是为什么时髦的后现代人物喜欢到处否定，制造全面不确定性的原因。不过随着耗散理论的出现，一种有序的复杂性必将取代无序的复杂性。因为，人类文明的发展和城市文明的发展毕竟是一种更高级的有序复杂文明。而尼采、叔本华和存在主义在到处宣扬人性复杂多变的时候，是不是有点搞忘了正常而健康的人们毕竟永远还是要处在一种有序而复杂的态势里，不管你称这种态势为"常"或"无常"也好，它是一种人们喜欢的健康的"当下"。

6.关于场所理论和城市设计

对于西方理性的现代主义建筑思想的反思，其实在1954年现代建筑国际会议第10小组(Team10)在荷兰发表的《杜恩宣言》里就已经开始了。他们已经意识到城市和建筑空间是人们行为方式的体现，因而要把社会生活引入空间并强调城市发展的历史延续性，以便让老城新城各得其所，从而有一种历史的生长性。不过，由于他们并没有像简·雅各布那么旗帜宣明地对《雅典宪章》和勒·柯布西埃进行大力批驳，并在整本书中反复强调城市街道生活的重要性，街区文化的重要性，以及最终将城市问题归纳为有序复杂问题，因而第10人小组在思想上就缺少了完整而系统的影响。也许，简·雅各布在写她那本《美国大城市的死与生》之前了解过第10人小组的观点，但对后来起重要影响的却是简·雅各布这位外行人。

客观地说，二战后的西方在按照现代功能分区、交通至上的方式修建新城区以后，稍有思维的人们就已经开始意识到这种

> 在今天满地寻找问题和原因的同时,对往昔及当今的城市文明的各类有见识、有影响的思想和说法的梳理,其实也是一件很有意义的事情……

第二篇 思想篇

只从物质功能方式设计生活的方法有严重问题,人们感觉到非常不舒服,是因为这些空大的物质空间与社会生活严重不和,与过去的老城严重不和,与历史和地域严重不和。美国人K·林奇基于这种对城市生活的直觉感知,已逐渐认识到作为社会群居性生活的聚集地的城市其空间的特质问题,并在1960年他那本《城市意象》中总结出了作为城市的重要要素,即城市通道、边际、区域、节点、地标。其实,从社会行为学的角度来看,这五大要素均是人们在城市里的重要而有特色的聚集区域。只不过,林奇写这本书的时候,完全是凭自己对城市生活和城市空间的直觉认知,但这种认知和归纳却相当完整和全面,以致后来的城市设计的方式方法基本沿袭林奇的思路。站在城市规划和城市设计的角度来评价K·林奇这本《城市意象》的话,笔者认为它远远超过刘易斯·芒福德的《城市发展史》。

这种对城市和建筑的认识,从纯粹物质、功能、空间的考虑到对空间由于人的社会活动的原因而具有强烈空间特色的认识,应该说是一种非常本能而直觉的正常认识。但建筑学领域由于太过于看重形式,太自娱自乐于审美,而一直没有对此引起重视。这种出于直觉对城市特色空间的总结和归纳仍然没有进入一种从城市到建筑的全面的总结,因为,从全面设计的角度,K·林奇总结出的五个要素毕竟只是关于城市开放空间的五个主要部分。从控制一个城市空间效果的角度来看的话,确实只要在这五个方面控制好了城市的外部空间,一般而言就不会有什么大问题,但市民的社会生活毕竟是渗透到城市和建筑的任何角落。虽然,1970年代,随着后现代思潮对现代主义的全面反思而出现

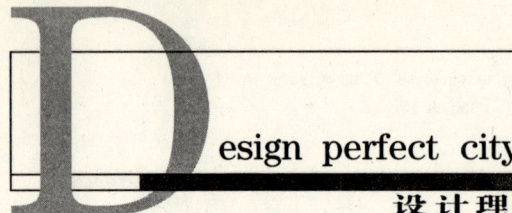

设计理想城市

了对文脉的关注,并逐渐引出了"场所"的概念,但大量对"场所"的描述仍是相当的模糊和情绪化,很多时候仅仅局限于城市的开放空间部分,而没有将建筑的室内空间放入研究视野。当然,后现代思潮里关于城市和建筑的复杂性和不可言说性,确实是由于当时的人们已经感觉到了"场所",作为社会生活和城市建筑空间的综合体,具有的历史性、地域性、流变性以及又特有的模糊特色,因而才会有场有哲学中所说的场中之有,依场而在的总括,这也便是为什么后现代思想里那么喜欢复杂、矛盾、多元、不可言说的原因。一个总体相关存在的边际不能完全确定的区域时景,确实让喜欢明确肯定的西方人难以把握。这也便是为什么"场所"这个概念在 1970 年代被西方人含含糊糊提出来以后,却一直没有得到一个完整的概括和描述的原因。从 Team10 也许更早到佩里的邻里概念,以及芬兰沙里宁的有机概念到 K·林奇关于城市设计的五大要素,至后现代文脉主义等等,均没有将"场所"理念进行完整总结。笔者出于自醒和自觉,以及自 1980 年代以来的长期思考,在自己的《得道的建筑学》一书中,将"场所"这个概念进行了一番研究和描述,并将"场所"的基本内容概括为三大部分,即:空间部分、社会部分、自然部分。其中自然部分包含时间性,想必这样的拙见能减少许许多多的模糊和情绪化语言。而笔者在实践中,很早便以这种方法来进行整体的考虑,并获得许多益处。

从 1961 年简·雅各布对现代主义猛力的批挞开始,到后现代思潮的风起云涌,其实,人们要解决的就是人性、社会性与城市物质空间结合的问题。这个问题如何在思想和理论上有一个全

> 在今天满地寻找问题和原因的同时，对往昔及当今的城市文明的各类有见识、有影响的思想和说法的梳理，其实也是一件很有意义的事情……

第二篇 思想篇

面的归纳呢？现在看来，"场所"概念应该是一个比较好的解决方案。因为从"当下"的时景总括来看的话，没什么空间是概括不了的，何况空间概念已经有了几千年的固定思维了。而从1990年代场所哲学以及科学领域对场的描述和定义来看的话，似乎也只有"场所"这个东西能够将人类行为与空间范围以及时间性质结合得较为妥当。而以K·林奇为首的对当下城市质量影响极大的城市设计方法中，那潜意识里对场所理念的认同和应用就更应是"场所"理念可以作为城市规划、城市设计以及建筑设计、装修设计均可认同的好范畴。不过，当下世界各地大量的建筑师们仍看不清这一问题，而常常将自己搞成一个小气的工匠而难以觉醒。

想必人类城市文明在经历了几千年以后，可能会惊奇地发现，最近这几十年出现的"场所"理念无论从历史性、地域性、空间性、社会性、自然性、时间性等等方面，可以将人类在地表的任何活动区域进行一种界定、一种总体描述和一种总体归纳。这个理念看来非常适合应用于规划和建筑学领域，从而成为建筑教育的一个极好科目。但愿不久的将来，场所理论能成为教科书中的一个极好的、能让规划师建筑师轻松驾驭区域、城市、建筑的好工具。

Design perfect city
设计理想城市

7、关于《马丘比丘宪章》

在经历了第10人小组、简·雅各布,经历了后现代思潮、文脉主义、场所理念、城市设计这些思想波之后,国际建协于1977年终于在秘鲁的利马以古文化遗址马丘比丘山之名起草了一份文件,以修正《雅典宪章》的不足之处,这便是《马丘比丘宪章》。由于当时后现代喧嚣甚上,这份文件并没有多大的影响,这也难怪,因为《马丘比丘宪章》里的主要观点,早已被简·雅各布大肆宣扬,而这份宪章也只是将众多大家认可的观点和思想收集起来加以肯定而已。

作为对《雅典宪章》的补充和修正,国际建协能够认识到理性以外的非理性,能够认识到混合功能的重要性,以及人与人之间的交流和来往,是城市的基本根据和建筑的内容,比外壳重要等等,应该比1933年的《雅典宪章》进步了不少。虽然这些观点大量来源于简·雅格布。此外,能够客观地看待《雅典宪章》,并肯定《雅典宪章》中大量正确的观点也是其能够称为国际性文件的优秀之处。然而,作为全世界建筑规划领域的最高权威,国际建协在《马丘比丘宪章》中,并没有充分认识到城市作为任何地域中心的人工化的物质块,其自身以及社会活动状况对大自然的侵害,没有充分认识到城市扩张、新城建设对历史性老城区的有机空间的破坏,以及对历经上百年的和谐稳定的有机社会结构的破坏。而对作为城市强烈经济需求的工业区的认识和处置仍然存留在《雅典宪章》时的思维等等,便是《马丘比丘宪章》作

> 在今天满地寻找问题和原因的同时，对往昔及当今的城市文明的各类有见识、有影响的思想和说法的梳理，其实也是一件很有意义的事情……

第二篇 思想篇

为国际建协提出的共同纲领所存在的巨大缺陷。这也是后来会在联合国的倡导下产生可持续发展理念的原因。想必国际建协对世界、社会、城市、自然的认识视野还是太窄了，作为对许许多多城市老城区的原有社会结构的有机性的认识，在今天仍然没有得到足够重视。至于作为一个城市财富创造的工业区该如何与城市产生关系才最好，那就更是没有形成好的理念和思路。于是，中国最重要的几十个省域中心城市居然每个均让工业区占据城市面积的百分之二三十，想来令人后怕。其实完全可以分配到下一级城市或大大缩小其比例。

总观《马丘比丘宪章》，从视野和思维的角度，国际建协的素质还不见得比拟定《雅典宪章》的那批人优秀。因为毕竟过了44年，对城市文明与大自然的关系以及城市文明内部有机社会的关系的认识，应该要深刻得多。但除了看到对现代主义批判以来所形成的众多人的观点的收集以外，实在看不到多少精彩的论述和优秀的思想。想必这也便是这份宪章至今仍不被全世界众多规划师、建筑师清楚了解的原因。就像私人汽车盲目增长，以及农村人口拥挤在城郊这样的问题，《马丘比丘宪章》居然只是提出问题，而不知如何解决问题。以致需要后来的新城市主义再拾简·雅各布的观点来加以解决。想来可笑！至于为什么房子要尽量自然采光，古迹要保护，风格要有地域性等等，那简直就是在谈常识了。看来，《马丘比丘宪章》是在当时规划、建筑界的共同舆论下的组合之作。

Design perfect city
设计理想城市

8、关于新城市主义

新城市主义其实应该早在简·雅各布的《美国大城市的死与生》出来之后就开始普及，而不应该推迟到1990年代。想必是由于联合国在1980年代末提出的可持续发展的理念，让散居于郊外独立式房屋的美国人和英国人突然猛醒过来，开始意识到法国、意大利和德国的市民们居于城市老城的高密度生活，其总体质量远好于自己所谓中产阶级的成天奔命的折腾日子，才想起真正集中的城市的好处。其实，西欧这种老城区的高密度与当下的中国比起来就差远了。他们认为每平方公里有5000至1万人就很密了，中国每平方公里1万以上仍不满足，准备让每座城市的人口密度达到每平方公里2万人以上。那些特大城市其居住区的人口密度将达到每平方公里6万至10万人的恐怖程度。没办法，为了保有耕地，只能如此，起码比香港要好些吧！

作为新城市主义的理念，追求的是居住、工作、商业、休闲的混合，追求公共交通为主，少量私家车的低耗绿色生活，追求富人、中产阶级、穷人相混的多元社区，追求一种紧凑的街区空间从而让居民能够充分交流、充分享受步行、自行车和享受城市生活，而不是分散的郊区生活。这一切理念其实在简·雅各布的书中早就被提出，却由于当时的美国人意识不到他们的生活方式是如此的糟蹋地球资源和污染环境，而没引起重视。至于英国人和澳大利亚人，则由于被霍华德的优美郊区新镇的理论影响过度，导致难以自拔。

> 在今天满地寻找问题和原因的同时,对往昔及当今的城市文明的各类有见识、有影响的思想和说法的梳理,其实也是一件很有意义的事情……

第二篇 思想篇

  同样作为西方人的法国人、德国人、意大利人、荷兰人等,却在住在城内还是住在郊外这样问题上与美国人和英国人有着截然不同观点。他们基本住在城市里,即便有些城边住宅却也是以邻里小区、"光明城"似的花园式住宅小区为蓝本而建造的,相对密度仍然不低。只不过由于花园式邻里小区这一《雅典宪章》的事物天生具有的冷漠的空洞性和非人性,才让这类小区成为贫民的集散地而出现混乱。这只能说是《雅典宪章》不考虑社区结构、社区文化和人性复杂的巨大缺陷。但这类花园式住宅小区在土地利用的指标方面还是基本正确的,这就为以后的修正留下了可能。中国由于现在仍在大量制造这样的东西,所以以后修正的工作将会非常巨大,这也是本书为什么要单独将"修正"作为一个大篇章的原因。

  仔细研究新城市主义提出的纲领,便会发觉整个新城市主义的思考范围基本是针对一个街区,只是说这个街区有大有小而已。这也情有可原,因为简·雅各布的《美国大城市的死与生》的书中从头到尾谈论的就是她们那个街区的事情。本质上来说,城市中的一个完整的街区,其实就是城市中的一个完整的小镇,这也便是为什么佩里的邻里小区、霍华德的田园城市,其规模本质上来说均是追求一个完整的街区、一个完整的小镇。但是由于佩里和霍华德太缺乏对人类城市文明中那种人性的、有序而复杂的城镇空间的研究,以及缺乏对一个完整街区的邻里社会结构的自由而人性的肯定,从而只能站在一种浅薄理性的技术角度来谋划一个小镇似的幸福生活。这肯定是不可能的。也正由于这样的原因,佩里的邻里小区制造出了被简·雅各布猛烈批驳的

Design perfect city
设计理想城市

花园式住宅小区,而霍华德的田园城市便制造了同样被众人批驳的美国郊区的无序漫延,以及大量的土地资源的浪费,和中产阶级们疲惫的睡城生活。

从佩里、霍华德、简·雅各布到新城市主义乃至K·林奇均如此关注一个街区的规模、一个镇的规模,这说明一个完整的街区便是一座城市中的一个完整的生态生活单元。世界上的城市有大有小,但只要城市的建构由这样的完整的街区组成,或者至少有这么几个或者至少也要有一个吧,那么城市文明的原生态细胞便能存在。其对以后城市文明的发展将会产生不可抗拒的人性影响。然而非常可惜的是,当今中国大多数大中小城市均将这些物质性和社会生态性的街区拆得精光,让一座座城市均没有了自身文明的母细胞。这些拆毁老街区的城市领导也好,规划系统的技术人员也好,有钱有势的开发商也好,他们都意识不到一个有着渊源历史的老街区其最重要的,最金贵的,是这个街区的原生态的社会关系。其实,社会关系也是有着极其重要的生态性质的。至于一个老街区的空间结构,那都是上百年的众多民众一点一点极其考究的想法累积出来的,有着极其珍贵的草图方案价值。虽然房屋破败了,但完全可以依靠这个老街区的空间结构,完全可以依据这份珍贵的"原始草图"再加以修建就行了。为什么要去拆毁它?拆毁掉极其珍贵的极其人性的社会生态系统?拆毁掉极其珍贵的由成百上千人经历几百年构思的想法?拆毁掉我们自身的文明细胞?想来,不学无术的我们素质实在太低劣了。在一个到处都是各种物质的世界,居然总是将好东西破坏掉,却去选择劣质产品,真有点不可救药!只不过,比较明智的

> 在今天满地寻找问题和原因的同时，对往昔及当今的城市文明的各类有见识、有影响的思想和说法的梳理，其实也是一件很有意义的事情……

第二篇　思想篇

先进的西方人也是在20世纪60~70年代的时候才意识到了这种街区的重要性。至于荷兰人和意大利人，由于他们在欧洲文明中属于更识货的种类，因而留存的宝贝以及自身对文明的理解和认识就要好得多、多得多。这也便是为什么K·林奇、简·雅各布、新城市主义理念的推介组织均出自美国的原因。因为相对于古老欧洲来说，美国的城市文明基本起始于工业文明和理性主义。在美国的城市中，那种非理性的复杂人性相对来说就要少得多。即便像简·雅各布说得津津有味的她那个街区与欧洲的古旧老城相比，在人性和文脉方面就相差甚远。也正因为如此，在欧洲人看来很正常的老城街区生活，在美国人看来就宝贝得不得了。从而到处宣扬，到处肯定。

　　非常有意思的是，中国在改革开放初期，由于各个城市自身财力的原因，在城边修建住宅小区的时候，其较高的建筑覆盖率，较低的绿化率，较窄的街区道路，以及较为整齐的道路边际和较为彻底的底层商铺式住宅方式，将20世纪80年代末90年代初的新城建设得非常符合新城市主义想法，非常符合英国人在1990年代末期提出的"紧缩城市"的想法。这些当时的新城区历经一二十年后，如今虽然相当破旧，居民层次相对较低，但与那些近年推出的所谓更高档次的花园式住宅、花园式板楼、花园式别墅相比，确实生活更方便，人性更足，生活更轻松，城市生活更丰富。只不过由于这类住宅小区基本没有基于城市设计的空间考虑，在街区空间形态、建筑形象方面有着让人难以忍受的低劣。不过，即便这样，这种丑陋的人气十足的居住老区却能让很多的市民从郊区的花园住宅回归。看来，所谓先进理念的新城

市主义早就被中国实践过了。只是，我们拼命要诋毁这种自己无意中搞出来的在当下社会还算可以的东西罢了。当然，它们其实是低财力能力下的邻里小区。只不过，这种佩里式的邻里小区却由于中国人太多、人口密度很高的原因，留住了它的好名声。而一旦开始放宽指标，将小区搞得像公园，将道路搞得冷冷清清，这种佩里的邻里小区就开始露馅，就开始显现出它的非人性。

以生态的社会结构打造一个街区，以一个有序而复杂的充满人性的城镇空间结构打造一个街区，以一个低消耗、少污染、尽可能的自然生态结构打造一个街区，从而构建整个城市、整个区域，想必新城市主义的本意便是如此吧！只不过，光从其纲领性的条文来看的话，这样明确、完整的本意却表达得并不充分，并不清楚，并不完整。这让很多人觉得新城市主义只是一种无甚新意的多类观点的综合。也确实如此，毕竟新城市主义的提出已经离简·雅各布写书的年代相隔了三十多年，有些太晚了！

9、关于耗散理论和自组织理论

1970年代末，为了解决沃伦·韦弗所提出的有序复杂性的问题，就出现了西方人所说的耗散理论。想来好玩，先提出要解决什么问题，然后按照这个问题的思路去寻找出一种所谓的理论，西方所谓的推理科学确实是如此搞出来的，包括爱因斯坦的相对论以及霍金的宇宙生成论等。

这所谓的耗散理论及其引出的协同学、超循环、分形学、混

> 在今天满地寻找问题和原因的同时，对往昔及当今的城市文明的各类有见识、有影响的思想和说法的梳理，其实也是一件很有意义的事情……

第二篇 思想篇

沌学等，要解决的这个有序复杂性问题，其实就是要建立一种无序的离散物质，在一个开放非平衡的状态下能够各自自我组织出秩序的理论。所谓耗散就是要消耗分散的无序状态，建立一种有序。于是，热力学第二定律关于这个大千世界代表无序的熵始终越来越多的说法就开始破产了。其实二十多年以前，当我第一次接触到热力学第二定律关于熵的理论时，就感到非常迷惑。既然熵——无序越来越大，不可扭转，那么无序的阳光怎么会被树叶转化为有序的能量，进而产生有序的叶片生长呢？此外，即便整个宇宙都乱得一塌糊涂，只要宇宙一收缩，形成一个无限密的球体。那么一切无序——熵是不是就被全部消灭了呢？想来西方人某个时段说得津津有味的所谓科学理论，有时是存在着巨大的片面和偏执。本质上，按照西方科学理论的实证性，耗散理论本身其实仍然只是一种对现实世界的大概认识和推测，还谈不上是一种严密的有所谓数学模型的科学。因为，至今所谓超循环理论，仍然不能准确地描述出无机的基本粒子是如何通过排序和协同等等方式，就转变成了有机的大分子。至于将耗散理论应用到对传统自由生长的城市的描述和概括，相对来说就要简单而好理解得多。因为构建城市的最小分子为单个的人，而人本身是个有思想有反馈能力的巨大有机体。由这种巨大有机体自由集聚的城市，必然产生它的社会性。所谓社会性也就是它的有序性，但是这种社会性由于每个单个的人的原因，时时刻刻处在一种变动中。于是，这种有序性又时时刻刻存在着一种不稳定性，亦即所谓混沌学说的模糊性。但基本粒子却与人不一样，按西方的所谓科学理论来说，它们属于无机物，没有思想、没有反馈能

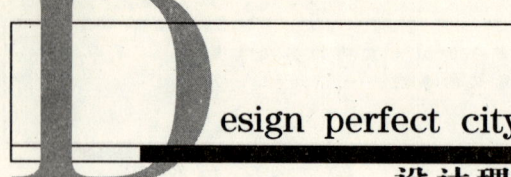

设计理想城市

力,因而怎么能产生协同,仍是一个没有被解释清楚的问题。除非认可基本粒子的各种偶然组合能产生一种有序的协同,亦即具有一种神经反射能力和主动能力,否则,有机的各种大分子怎么会出现呢?至今这样的描述仍不清楚。当然,假如能将这种东西完全解释清楚并寻找到方法的话,人类就彻底搞清楚了所有生命的奥秘。想来,这样的一天应该离我们还很有一点远!

本质上来说,耗散理论对于事物的准确描述应该还局限于由有机分子组成的聚合物,而人类的城市在本质上来说便是这样一种聚合物,有着它的社会性,有着它的自组织性。

将耗散理论中的物体的协同性、分形性及混沌性应用到城市的形成,产生人类城市的自组织学说,确实将西方自工业革命以来的理性主义规划学说逼到了一种尴尬的处境。这便是还需要这规划干什么呢?还需要这与自组织相矛盾的他组织做什么呢?仔细分析自组织和它组织的定义,便会发现人类其实自始至终都是处在一种自组织的状态中,从来没有什么它组织。因为它组织的它与自组织的自均是我们人类本身。这所谓被命名为它组织的他们之所以被我们另眼看待,是因为这些它们搞出来的组织规则不太符合我们的自性。很多时候,它们只符合人类的所谓理性。于是,这种人类理性的组织就被学究气的学者们命名为它组织了。看来,一切违背人类自性的东西,都可以把它们看作是非他类的代类搞出来的东西。但是没有办法,即便大家认为这是人类异化的东西,但仍然是人类的东西。因此,它组织仍是人类的自组织的一部分、或一个种类。

作为一种与现有的将个人自由权力集中到掌权者手中的规

> 在今天满地寻找问题和原因的同时，对往昔及当今的城市文明的各类有见识、有影响的思想和说法的梳理，其实也是一件很有意义的事情……

第二篇 思想篇

划相区别的，所谓由个人自由或家庭自由自组织营建城市的方式方法，确实与现今的这种集权式规划有着根本的不同。然而，由于今天的城市文明，其规模和生活方式的工业化，使得这种个体的自组织性又有着一种绝对的难操作性。于是，我们就只能回到前面几节谈到的问题所在，即如何将人类的理性和自性进行一种让自身能获取最大舒适性的协调和折中。于是，这所谓的自组织规划理论又回到了简·雅各布所讨论的层面，又回到了新城市主义、紧缩城市、可持续发展等等具体能够操作的层面。

此外，作为一种1990年代兴起来的规划理念，自组织理论永远需要搞清的是，人类的城市文明的自组织规律是由于我们人类自身的原因才产生出来的，那美丽的城市形态、复杂而人性的城市肌理、漂亮的建筑形象和舒适的建筑空间等等，无一不是由任何城市中的任何个体或任何家庭或任何团体等等，各自依据他们自身的需求，在相互协同的情况下构建出来的。城市空间作为一种具体的物质，从来不会自我组织、自我营建。没有个体的人和由人组成的社会，城市就根本不会出现，就更不要说什么城市空间了。因此，一切关于城市和建筑的空间学说最重要的奥秘便来源于人类这一巨大的有机体组织。没有个体的人和人组成的城市社会，作为自组织的巨型系统就根本不可能存在。因此，所谓抛开社会、经济、自然来研究城市空间学说的说法绝对是又一种学究气的空间崇拜论。我们一定要永远记住的是，空间，它只是一种物质，它没有意识，没有生物性。

至于自组织理论的推出，于城市规划质量的提高的最大可取性，便在于自组织理论充分肯定了个体自由性对于优秀城市

Design perfect city
设计理想城市

文明的绝对重要性。而当下的城市规划权力或者称为城市营建规则全部被少数的权力部门操控，让现今的城市文明难以充分展现个体人性的复杂和协同性，使得任何城市均被少数人的理性搞得冷漠，而被众多的民众批评为他类而非本类城市，这便是为什么英国人大卫·路德林在他的《营建21世纪家园》一书中极力强调要将城市地块划小的原因。大量的小地块构建的城市肯定集聚大量的个体人性，而由上百个著名建筑师精心设计出来的城市即使再好，站在自组织理论的角度来看的话，它都是一个非人性的产品，因为城市是由上万人、几十万人、几百万人组织的巨大生物性聚集体。无数的个体生活在非自在、自满、自适意、自营建的空间里又怎么能得到幸福生活呢？这便是当下城市文明发展的巨大难点吧！

10、关于紧缩城市和可持续发展

人类文明发展到近现代所产生的现代工业和现代农业，让西方在20世纪70~80年代城市人口达到总人口的80%左右。而大量的发展中国家也全部将此类工业化国家作为学习的榜样，紧紧跟随。无法想象没有汽车、火车、地铁、飞机和现代农业的世界，又怎么可能让一个国家80%左右的人口能够住在城市里并大量从事服务行业，而不是农业。然而，人类人口数量在近现代爆炸似的繁殖，却让地球的资源呈现出一种过量的消耗。现代农业的大量使用化肥和杀虫剂产生了巨量的污染，给人类日常

> 在今天满地寻找问题和原因的同时，对往昔及当今的城市文明的各类有见识、有影响的思想和说法的梳理，其实也是一件很有意义的事情……

第二篇　思想篇

生活提供巨量日用品的各类工业的污染就更甚。所谓西方现代生活方式所带来的汽油的消费、二氧化碳的制造、各类不可降解的垃圾的制造、污水的制造等等，已经让各个国家的农耕时代的优美自然环境被搞得乱七八糟。近一二十年地球气温的上升，已让人类深深意识到各类污染制造出来的二氧化碳和其他有害气体对地球未来的巨大破坏作用。那不断退缩的古冰川、古地极的融化已让人类看到了未来的地球的荒漠和洪灾的交替。于是，20世纪80年代末，联合国就开始提出了可持续发展的理念。由此，各类国家在追求各自国家的国民幸福生活的时候就有了在一个基本的发展方式方法下，对自然环境、国民生活方式等等各类要求的方向。而从20世纪60年代以简·雅各布为首的以追求城市民众集中居住建城的方式方法，便吻合了这种可持续发展的思潮。其实，20世纪30～40年代的勒·柯布西埃的"光明城"和邻里小区式的花园式住宅小区，也基本是以集中居住为主。只是由于它们在人性方面的不好的口碑，才让人们忽视了它们的存在，转而探讨出一种新城市主义式的紧凑城市的方式方法。

现在看来，现代农业对化肥和杀虫剂的使用，以及现代农业由于品种在巨大地域上的单一性所造成的田野对空气巨量的二氧化碳排放，在各类国家对所谓发展的追求方面，还难以摆脱对它的依赖。因此，农业的污染只有靠技术的发展来降低了。而工业的污染却由于各类国家对各类资源拥有的不同，呈现出世界较绿色国家和世界工厂以及世界矿场等等不同情况。那些所谓发达国家基本将污染性行业迁移到了人家的后花园里，发展中国家只有靠自身技术的提高来改变这种污染，或者靠所谓全球

设计理想城市

化的行业流动潮流来迁移这种污染,但污染源仍然存留在地球的某一角落。

在今天这样一个人口爆炸、资源有限而污染严重侵害自然环境的时代,人们在追求拥有基本衣食住行的幸福生活时,究竟以什么样的生活方式才可以既保住自己的幸福现代生活,又可以清除对自然的侵害呢?由此可见世界现今的危急处境。然而即便如此,当下各类国家对发展的追求却是津津乐道的。当然,如果这种发展所产生的 GDP 是绿色的 GDP,那就另当别论了。

几千年前的柏拉图说,人们为了追求幸福的生活而来到了城市。看来,不论怎样,人类城市化的方向是难以改变的。只是最好不要选择美国城市漫延的方式,因为那种成日以汽车代步的生活,实在太让地球和人类受累了。英国人在联合国的指引下,于 20 世纪 90 年代写出《紧凑城市》这本书的时候,居然还没有完全反对这种霍华德引领出的分散的城市生活方式,可见富人们在大量消耗资源、浪费资源的时候,是不会考虑穷人的步行和少食对环境带来的好处的。而当下的中国出于土地资源的原因,将城市的人口密度从每平方公里 1 万人提高至每平方公里 1.5 万~2 万人的趋势,实应是欧洲人学习的榜样,更应是美国人学习的榜样。不过中国这样非常紧凑的城市化方式,却不应该学习美国人对汽车生活方式的追求,而应强烈控制私家车的发展,向香港学习,全力发展公共交通和无污染交通,控制居住用房的套型面积、公共场所的资源浪费等等。当下的中国已经在这么做,但仍有巨量的可改正之处,尤其是对工业污染的控制,以及工业过量用地的控制。由于在"问题篇"中多次讨论,在此不

> 在今天满地寻找问题和原因的同时，对往昔及当今的城市文明的各类有见识、有影响的思想和说法的梳理，其实也是一件很有意义的事情……

第二篇 思想篇

再阐述。

作为可持续发展方向，紧凑城市只是人类安排幸福生活的一方面，英国人在《紧凑城市》一书中所指出的观点，早已被简·雅各布和新城市主义以及《马丘比丘宪章》所论及，并无多少新意。而另一英国人大卫·路德林及其所著的《营建21世纪家园》一书，无论其理念和方法均远好于《紧凑城市》一书。他提出的将街区地块划小至半英亩左右的考虑，尤其对营建人性城市具有决定性影响。因为只考虑自然生态，不考虑社会生态的城市必将与勒·柯布西埃为伍。因此，一个全面的可持续发展的方向，肯定不仅仅只是考虑自然、地球、资源、污染，它还必须考虑一个和谐的、人性的、紧密的社会结构的建立和形成方式，因此也就存在一种最优的可持续发展的可能——从少消耗、少污染的角度来看待人均占有城市面积、人均占有房屋面积、人均水电气消耗量、人均占有财富量等等。如果拥有一个和谐的社会构架，那么这些量就完全可以大大减少，从而形成真正的可持续发展。那些贫富差距大且富人过量浪费的城市和国家，均是不可持续发展的。这便是为什么说城市紧凑、汽车少量、街路小窄、污物全面管理、生活节俭、交通方便且宜于自行，郊区、农区绿色环保，公共场所小巧而宜于交流的生活，是比较可持续的。起码好于粗糙的工业文明所带来的胡乱浪费资源的生活。而对这种可持续发展的城市生活探讨将需要详细的过程和细致的思考。

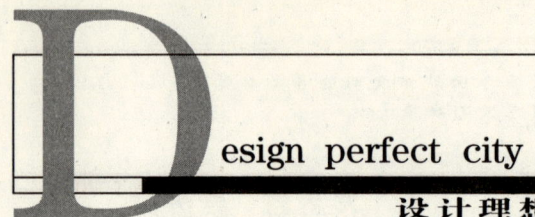

设计理想城市

11、关于《北京宪章》

在《马丘比丘宪章》以及可持续发展理念和紧凑城市理念之后，1999年全世界所谓最优秀的规划师、建筑师聚于北京发表的《北京宪章》，在思想理念上却没有什么新思维和新想法。其中，所提出的对当下世界大建设与大破坏的看法，想必主要是针对中国。因为中国这二十多年的发展确实将原有的城市文明几乎全数荡平。这种一边建设看似物质形态更好的劣质产品，一边破坏看似物质形态破败的珍贵遗产的行为，早就被社会各界有见识的民众大力批挞。《北京宪章》只是将其观念收录且借全世界优秀规划建筑师之口，向各国政府进行呼吁而已。对于大多数识货的西方政府，想必这些只是多言。至于将城市规划、城市设计、建筑设计与地景设计合而为一的广义建筑学，在本质上似乎更像是对早就被提出的场所理论的依附。因为将物质空间与社会内容及自然内容的统合，似乎更清楚地将建筑学推进到了一种全面完整的境界。而宪章提出的广义建筑学却更像是将各类分工进行建设领域的大包括而已，但是专业和过程的分工，本质上是因为社会操作层面需要的。人为的大包括仅仅只能带来语言上的广义，却影响不了真正的社会实践。对于当今的世界，在真正面临的可持续发展方面以及城市建设如何紧凑、如何节约建设用地、如何缩小工业用地、如何对待工业文明、如何建立和谐人性的社会结构与空间结构的统一方面，《北京宪章》却没有提出什么见解。看来，北京的优秀人才们的聚会仅仅是一场热闹

> 在今天满地寻找问题和原因的同时，对往昔及当今的城市文明的各类有见识、有影响的思想和说法的梳理，其实也是一件很有意义的事情……

第二篇 思想篇

的建设领域的超级秀而已，充分展示了建筑师、规划师们的好慕虚荣、喜爱表象和形式的浅薄素质。因此，达成《北京宪章》的这批人，根本赶不上《马丘比丘宪章》那批人，更赶不上《雅典宪章》那批人。

本质上来说，整个《北京宪章》还根本赶不上简·雅各布的《美国大城市的死与生》。虽说这本书写得很啰嗦，毕竟有肯定城市文明的有序复杂性的优秀思想。当然，即便是1977年发表的《马丘比丘宪章》，也不见得比简·雅各布这本书更有见解，毕竟简·雅各布早于他们十多年就表达了这些想法。虽然简·雅各布不懂具体的规划建筑专业，不能具体搞设计，但她有好思想。而大量能搞规划、建筑设计的人们却大量没有思想，只能称为工匠，有些连工匠的职业素质都达不到。一群工匠的聚会和工匠们的看法的表达是没有思想层次的，即便这群工匠们有着奢华的表面，也无济于事，社会的进步和城市文明质量的提高却非常需要优秀的思想和见解，不然的话，我们准备安身置命，追求幸福生活的城市就很容易被大量的工匠们搞得像豪华空洞的博物馆、体育馆似的，虽然做工精致却毫无人性，充满了乏味和冷漠。

12、关于中国的风水思想

中国人由于近现代受了不少欺负，在现代这批人的思想深处有着某种强烈的自卑。这种自卑培养出的妄自菲薄，常常将本民族文化中的好东西一概抹杀，并且使用的方式方法居然美其

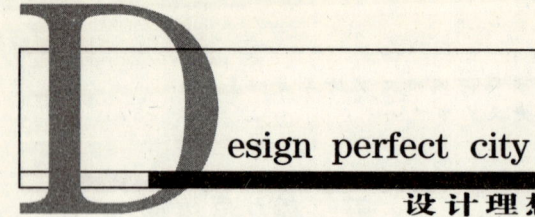

设计理想城市

名曰科学的方法。殊不知,这所谓西方人搞出来的科学其实很多时候也是很片面很局限,有时甚至是很反动的。而中国的风水思想便常常是某些伪科学分子挞伐的对象,这些伪科学分子在批驳自身民族的文化时,常常搞忘了这历经几千年流传下来的中国文化里面,有着非常重要的哲学和人文思想。即便这些文化经过千百年的民俗充塞而有着不少的矫情的附会之说,但其骨子里的思想却不应被忽视。

纵观全世界人类修房建屋的历史,直至近现代工业文明出现之前,世界各地的方式方法在本质上其实是差不多的。为了寻求在大千世界中的庇护,城市和房屋在选址、朝向、风向、水关系、地貌关系等等方面的经验基本都差不多。而中国的风水思想里大量的房屋选址经验,实可谓优秀的经验之谈。这也便是为什么古典时期留下来的古城、古镇、古村落会如此漂亮、优美而与大自然结合得天衣无缝的原因。

发源于中国道家哲学的风水思想,由于自始至终秉承着道家天人合一、自然而然、顺势自在、尊重生命的思想,从而在其学说里有着一种非常伟大而强烈的对大自然的热爱和倾情理解,才演化出大量的对自然的解释。从今天西方科学对自然、宇宙的理解来看的话,中国道家哲学对自然的尊重和理解是如此的正确和先验,是如此的智慧和根本。本质上,今天西方掀起的绿色思想和可持续发展理念是对中国道家哲学的强烈肯定和拥护。因此,大量的所谓的有点知识的中国伪科学分子,千万不要对中国的道家哲学妄自菲薄而自陷愚墨。

当然,由于风水先生在民间的充分商业运作而演化出了大

> 在今天满地寻找问题和原因的同时，对往昔及当今的城市文明的各类有见识、有影响的思想和说法的梳理，其实也是一件很有意义的事情……

第二篇　思想篇

量的形而上的附会之说，那便是中国民间历来的巫文化在风水文化里的寄生和演变。不过，无论阴宅和阳宅的青龙、白虎之类的说法如何牵强附会，但优美、奇仙的自然风光毕竟是一种好的环境，而好的环境毕竟能给人们带来良好的心境和情绪，亦便是所谓的好的心理作用吧！就像大量的西方人至今仍相信基督耶稣一样，很多时候宗教对于生活来说已经成为了一种文化、一种难以改变的生活方式，而本就什么都不信的中国人在自身的生活方式中保留一些特色文化内容又有什么不可呢？何况风水文化思想里还有着极其珍贵的所谓绿色思想和非常睿智的哲学观点。作为一个中国人，应该为本民族拥有这样的文化内容而感到极其自豪。绝不可像某些败家子似的所谓优秀分子一样，将风水思想挞伐为迷信。

古代的中国人将优美的自然环境的景况从精神上进行升华而编说出"气"的理念，实在是一种高度的形上思维在精神层面的伟大凝聚，这是我们中华民族内心极富生命与自然的优秀气质的伟大表现。气遇水而止的具象言说的背后就更是对水与生命的密切关系的全盘肯定和无比强调。今天的所谓现代生活方式和城市文明所面对的严峻问题便是水问题、风问题、自然问题。

两千多年前，中国最伟大的哲学智者老子苦思着"道"的存在。其实，所谓的"道"便是这伟大宇宙和自然的自身演变规律，如今，对这个规律的探寻仍远不见底，于是，渺小而又伟大的人类便只能依就这伟大的深不见底的宇宙规律，也便是老子所言说的"道"，而追寻着物质和精神的自满。中国的风水思想就如

同天空飘荡的清洁的空气,将给人类的追寻提供一种美好的精神层面上的轻松呼吸,我们又何乐而不为呢?

13、思想的总结

在一个世界趋于大同,地球各地域的民族面临全球化的时代;在一个追求发展就如同追求财富,追求科学就如同追求智慧,追求有房有车的富裕生活就如同追求幸福生活的时代,我们在选择成为任一城市的市民的时候,往往已经意识不到自己与古典时代的先辈们相比,有了许许多多的无奈。我们已经不可能像先辈们那样在自身赚取了一定的金钱之后,会选择一个自己满意的地方,或乡村、或小镇、或某城边、或某城内,买一小块地,并按照当地粗简的民俗要求,请上风水先生和工匠们修一处自己遂心的房子,从而安身立命,生儿产子,传宗接代,过上艰辛而幸福的生活。这千千万万先辈们的遂心如愿的房屋修建便构成了我们伟大的古典城市文明。

今天的我们所选择的城市生活已基本没有了自我的成分,已基本处于一种被他人完全控制和制造的状况,就像现今人们面临大多数城市里的大型超市一样,今天的我们已经只有选择的权利了。城市对于我们来说,在面临千百种选择的时候,这背后的本质已浸透了千万百姓的种种无奈。于是,大多数千万的百姓只能在房屋的内部装修方面尽量宣泄,制造极多的过分,制造出极多的浪费和不舒适以及相应的污染。

> 在今天满地寻找问题和原因的同时，对往昔及当今的城市文明的各类有见识、有影响的思想和说法的梳理，其实也是一件很有意义的事情……

第二篇　思想篇

城市文明在几千年的自由发展中给我们留下了丰富的遗产。那种个体的自由以一种复杂而有序的方式形成的聚落，让今天的我们时刻有着一种强烈的憧憬。然而，当代人类的社会组织方式和物质生活方式似乎让我们已经难以获取这样的聚落的形成，一些很基本的基础设施的配套就完全不能满足我们内心对自由的向往和偏好。因此，要获得古典城市空间结构那种个体自由的自组织肌理，看来在当今已是不可能的了。

所谓自组织理论的研究，基本只是一种对传统城市文明的空间结构的分析和总结，是一种思想上对优秀古典城市文明的客观梳理。要在当今的城市建设或者即便是一个小镇的建设中，实践这种自组织，都基本是不可能的了。因为当今的城市建设是以水、电、气、道路为先锋，不可能像古典时代那样不管这些，只管依据邻里房屋的关系来修建自己的住房，再简单修建一些排水设施即可。大多数古典城市现今的配套均是在古典城市空间完全形成以后在近代配置上去的。我们即便模仿古典城市文明空间肌理的形式修建出来的城镇空间，也仅仅只是一种形式上的形似，它已经不具有自组织的本真意义了。它永远属于一种所谓自组织理论认为的它组织，这便是当今城市文明所面临的一种真实情况。人类自从进入工业文明以后，古典时代的自组织方式就基本已经结束了。虽然在一些发展中国家，由于政府管理失效的原因，而出现了大量的自组织棚户区，但这些自组织出来的棚户区最终都会怎样被政府以国家的名义进行改造，这是难以改变的。这样的棚户区由于属于临时用房而不具有产权建筑意义。

今天，我们的城市文明已经基本属于它组织的方式方法之

Design perfect city
设计理想城市

下,虽然那些优秀的城市留存下了相当优美的古典时期的自组织部分,但面临的情况却是政府全面管制的时代。于是,在一种总体为它组织的状况下,《雅典宪章》、《马丘比丘宪章》以及新城市主义,就都有了它们存在的意义。大体而言,《雅典宪章》主要解决一个城市大的功能分区和交通骨架,而新城市主义则尽可能以传统街区的空间方式,来解决城市的居住、工作、服务、休闲的混合性街区问题。当然,城市文明在可持续发展的要求下,如何进行绿色革命,在满足城市人文文化发展的要求下,如何进行和谐社会、人性社区的构建应该是相当艰难的问题。此外,由于小镇、小城、大城市、超大城市在经济功能、文化功能和政治功能方面的不同性质的问题,一个国家的城市化发展就面临着巨大差异的不同选择。对于我们来说,到底多少比率的城市化率是合适的呢?是否都应该像西方发达国家那样要达到80%以上才善罢甘休呢!已经有学者提出,中国适意的城市化率大概在55%,对于一个人口15亿,追求基本生存资源自给的大国,也许这个55%的城市化率是有些依据的。然而,如果考虑到大量的农业人口以基本城市化的大村落、小镇的方式进行聚集的话,这个55%的适意城市化率就显得太保守。而农业人口以大村落、小镇的方式进行聚集,由于能带来土地资源的节约以及垃圾、污水的集中管理,在当今的中国已是一种趋势。这便是城乡一体化的真实所在。中国城市化最需要解决的功能问题应该是工业与什么样的城市配置的问题。从当下中国的超大城市均将工业区占据城市30%左右的恶劣情况来看的话,中国的工业均应向超大城市周边的三线城市配置,而所有的超大城市均应成为所管辖

> 在今天满地寻找问题和原因的同时,对往昔及当今的城市文明的各类有见识、有影响的思想和说法的梳理,其实也是一件很有意义的事情……

第二篇 思想篇

地域的政治中心、居住中心、文化中心、科教中心、第三产业中心,这才是超大城市真正应该追求的目标。

  城市作为人类追求幸福生活的载体,无论对于穷人也好还是富人也好,它都是生命的一种绝对需要。本质上来说,一个发展完善的国家100%的城市化率应该是全体国民的基本需要。即便有些行业需要劳动者独居于山林、田野中,但这样的劳动者也应该有自己的城市居所或小镇居所,就像富人们拥有乡村别墅小镇一样。因此,多少比率的城市化率不是问题,问题应该是什么样的城市才是人性的、自然的、可持续发展的、有强烈地域文化特色的、有强烈历史渊源的等等。而对城市的所有功能中最重要的居住功能的考虑,应该让大量的工业属性的东西向次要区域中心集中,向远离国土生态区域的地域集中。于是,在大中小城市中将会产生一种比较特殊的工业城市,只不过这种中等工业城市仍将以《雅典宪章》和新城市主义手法进行构建。

  虽然,当代的城市文明由于其巨大的物质性而迫使管理者必须以严密的理性面对之,但人性和社会的复杂性却是人类幸福生活的必然物。因此,一个基本人性的城市是否拥有足够的具备有序复杂性的街区确确实实是一件极其重要的事。在一个科学技术文明仍处在初期的人类世界,当下的各国城市便只能在基本处理好物质关系的情况下,尽量保持住精神文化的真实延续,今天的中国想必更应该意识到这种人性城市行为对城市价值的宝贵意义。

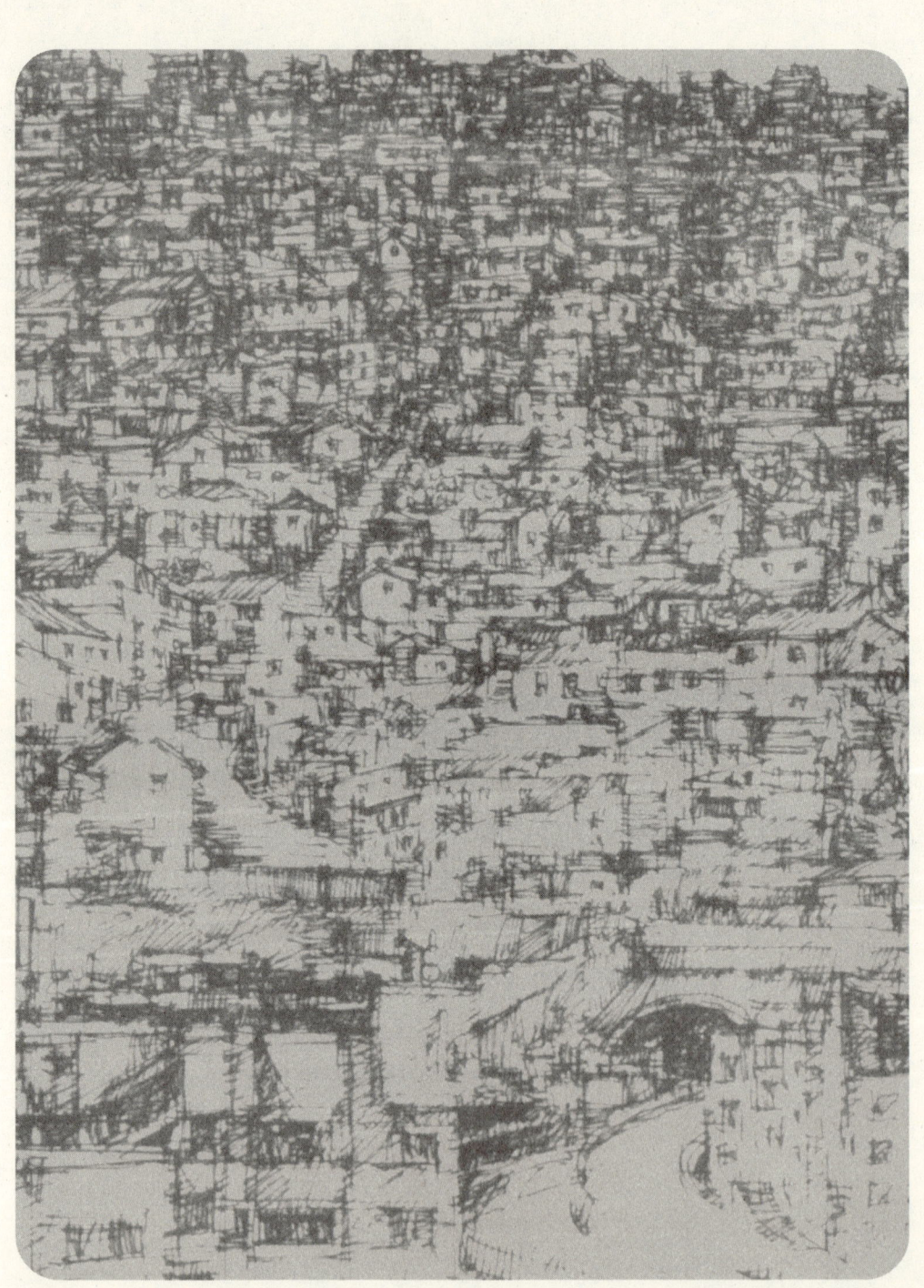

Design perfect city 设计理想城市

第三篇 规划、设计篇 （一）社会结构部分

引言：

在当今经济学、地理学、规划学、社会学一起融合，并将产生所谓新的城市社会空间系统学说的时候，西方人已经开始意识到完整的城市存在着社会结构系统和空间系统两大部分。而所谓新的马克思主义学说便是其主推者之一。至于当下西方世界所呈现的社会极化和社会分层，虽然在中国理所当然地存在，但他们的社会极化却正好将他们极力吹嘘的橄榄形社会调整为金字塔形社会。是什么原因让他们的社会结构会有此调整呢？想必是全球化这个东西。因为全球化的原因，世界更平了，于是，大量中产阶级便提供不了世界性的服务了，而只能给他们自身的社会提供普众服务，从而成为基层。

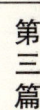

1、群落的规模和经济的安排

村落：人类的群居生活从村落、小镇、小城、大城到超大城市，其规模截然不同。西方人在计算自己国家的城市化率的时候，一般都把几十上百户的村落纳入计算范围，而中国一般都没有把村落纳入。随着当今中国城乡一体化的推进，以及土地整理的开展和完成，中国大量的散户农舍和小村落均将并为几百户千人左右的大村落。这样的村落在未来的城市化指标统计中，随

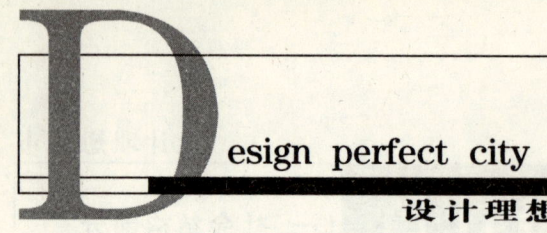

设计理想城市

着村落的基础设施的完善,将被计入其中。因此,二十年以后,中国按照西方的城市化统计标准,城市化率有可能会达到90%以上。

村落作为第一产业的前沿阵地,虽然有着农、林、牧、渔的行业差异,但经历几千年的劳作规律,其规模的大小基本与其在地球地表的劳作范围有着紧密的相应关系。不过,随着中国工业化的深入,第一产业的交通工具有了很大的提高,这就为散户农舍和小村落的合并为大村落提供了物质条件。在一个人均耕地不到2亩的国家,这种几百户村落所劳作的范围一般不会超过1500亩,也就是1平方公里,而村落离最远耕地的距离也就在500m左右。中国农村较为普及的摩托车在路况不好的田间小道和山林小路上均能轻松到达,何况交通工具还可以进一步改善。至于临时性的田间管理均由临时小草棚代替,不影响农民的集中居住。想来,20世纪60~70年代便已在江浙地区开展的村舍集中运动,在当今的中国农舍仍较分散的地区必将被彻底执行。这个城乡统筹或城乡一体化的事物,对于未来的中国来说是个极其重要的事情,它将改变中国一半以上人口的生活方式,并极大提高他们的生活质量。至于人均耕地不到1亩的地区和人均林地、人均牧地、人均水面面积远超几亩的地区,其村落随着管理范围的大或小,规模也将产生变化。耕地少的村落规模将放大,林、牧地大的村落规模将变小。

作为第一产业,所劳作的区域既为国家物质经济的一部分,又是整个国家的生态保障根本。因此,村落的性质本质上来说只能是第一产业人口的集中居住地,它可以配套一些娱乐、休闲、

> 在当今经济学、地理学、规划学、社会学一起融合，并将产生所谓新的城市社会空间系统学说的时候，西方人已经开始意识到完整的城市存在着社会结构系统和空间系统两大部分。而所谓新的马克思主义学说……

第三篇　规划、设计篇

商业即所谓第三产业的内容，但它绝对不能有第二产业的内容。包括食品加工业都应该杜绝。至于在当今中国生态资源较好的地方出现的富人们的休闲度假区、别墅区、第二居所区，由于它们都属于第三产业，只要严格按环评要求集中管理，也便是另一种性质的居住村落。

当然，中国的农业人口相对于中国的耕地来说，有着很大的过剩。这些过剩的农业人口有很多将进入县城或大城市或超大城市，成为产业工人或第三产业人员，从而让农民的人均耕地增加到2亩或3亩等等。但由于中国很多耕地属于丘陵地带，使机械化的大面积操作难以执行，这就使得农业朝着无污染无化肥的绿色农业发展。这让中国的农业人口在未来的二十年仍将保持在4亿左右。在一个人均耕地不到3亩的情况下，一个几百户千人左右的村落能劳作的范围基本也不会超过2平方公里，想必仍将是适宜的。中国如果在让农业完全自给的情况下能向精耕细作的绿色农业发展，那么消灭散户农舍、小村落，保持足够的几百户近千人左右的村落，并将这样的村落建设成内容齐全的小街坊，应该是中国基本城市化的极好方向。

镇：作为中国政府最小一级的管辖区域，它与中国城市中的街道办事处级别一致，所管辖的人口规模也差不多，一般在几万人至十多万人。但镇所管辖的范围要比街道办大得多，一般在几十平方公里以上，有的上百平方公里。有的林牧区的镇比一个县还大，可以达到上千平方公里。

镇作为直接管理村落的行政单位所在地，大多有着悠久的历史渊源，从"镇守"的字面意思即可知道这样的地方一般是某

设 计 理 想 城 市

区域的地域中心和交通河口的镇守之地。建设规模大的有一二平方公里,人口上万,小的只有一二条街,人口千人左右。从镇作为村落这个第一产业的最小行政管理单元来看,它的行政性质是显而易见的。而它的空间性质也应该定位于镇务公务员的居家地和全镇第三产业主要民众以及全镇富裕农户的居家之地。1980年代,中国的乡镇企业政策让很多镇有了大量的第二产业,随着可持续发展理念的深入探讨以及规模效应其优良显性的充分展示,镇的主要经济作用应该定位于彻底的可持续第一产业的管理以及全镇区域第三产业中心这样一个范围。原有的大量的第二产业应该从镇上消失,向县级市集中。

一般而言,镇的公务员人数一般占镇域人口的3%左右,镇域人口主要从事第一产业,因此,镇域人口主要以村落形式进行集聚。镇上的第三产业主要包括镇域第三产业的骨干部分,它包括中学和小学。镇民中应该有相当部分需要管理镇周围的农田,镇域的富裕农户一般不超过镇域人口的3%,由这些因素推算,镇的人口规模一般不会超过镇域人口的20%,而建设规模基本在1平方公里就基本满足。不过,如果由于优良生态资源的原因,镇民中有了许多的城市富户来此安排第二居所,则另当别论。

镇的建设规模由于与城市的街区规模相当,其空间形态和社会形态也有着很多的相似性。但当今的中国在村落和镇的环节最需解决的便是污水和垃圾的问题。只要消除第二产业在镇一级的存在,这样的问题应该是通过一定强度的管理便可以解决。

作为一个几十平方公里的乡村的地域中心,镇在这样一个大自然环境里对于当地区域的广大农民来说,起着一个离自己

> 在当今经济学、地理学、规划学、社会学一起融合,并将产生所谓新的城市社会空间系统学说的时候,西方人已经开始意识到完整的城市存在着社会结构系统和空间系统两大部分。而所谓新的马克思主义学说……

第三篇 规划、设计篇

最近的小城的街区作用。而一个单边三四公里的距离,便让最边沿的村民在现今的交通条件下也能轻易到达和离开。所谓的城市物质环境对于农民来说,最重要的是什么呢?就像老芒福德所言,最重要的是交流和休闲,也就是吃吃喝喝、逛街购物、交朋聚友、放松自己,也就是伟大而人性的第三产业。在对镇这样的社会经济属性认识的前提下,人们便可以对传统的小镇为何会在空间结构以及社会构成方面如此迷人而彻底清楚了。这便是不能光把镇搞成区域行政中心、教育中心和经济中心的原因。镇对于区域的民众来说,主要还是社会中心、生活中心,以及消费休闲中心,最终是快乐中心,这是要紧之点!

县城(县级市):中国现在有70万个村落,2万多个镇,660个市。这600多个市大多数是县级市和地级市,而县城的数量将近2000个左右。随着一些靠近超大城市的县城并为超大城市的区以后,县城的数量将有点减少,村落的数量也将随着土地整理的完成将会有可观的减少。但市的数量将随着大量县城的地域资源整合引起乡镇企业、乡镇工业区向县城的聚集,数量大大增加。大概最多10年以后,中国的城市数量将接近2500个左右。当然,这其中90%以上是县级市,真正上百万人口的大城市应该在200个左右,而人口超500万的超大城市最多也就在30个左右。中国的社会状况,便建构在这样一个由超大城市、大城市、小城市(县级市、县城)、镇、村落所组成的城镇系统里,日日夜夜发展着自己的文明。中国的国土也基本由这样一个城镇系统控制着,想来甚是有趣。其实,这个城镇系统所占的国土面积最多也就在20万平方公里左右,其中村落便要占据一半,只占中

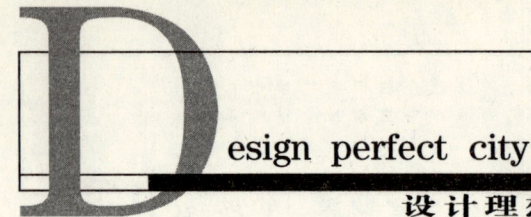

Design perfect city
设计理想城市

国国土面积的 1/50，但却是全中国绝大部分财富和资源的浓缩区域。人类文明的发展以依托人口群居，形成城市系统的方式，才能进行的道理，充分说明人类作为动物，其社会性是多么的重要。而在研究城市文明的时候，对其社会性的首先认识其实是这个行业的重中之重。

中国当下这种以都城、省会、地级市、县城、镇、村所构成的城镇系统，进行国土管理的方式的形成历经已有 2000 年，其中，省城的大小和县城的大小相对来说有着相当的稳定性。因此，要将县城和镇尽量减少，大量增加人口上百万的地级市（大城市）的城市化方向，可能有着难以想象的困难。一个区域上千平方公里，人口近百万左右的县，一个离边际大多数也就 10～20 公里左右地域中心，在可持续发展理念里，非常适合发展当地的第一产业加工经济。有了这样的县城，大量的乡镇企业便可消失，大量的农田、林地便可得到可持续性的发展。而作为一个上千平方公里、有着近百万人口的区域，其地域中心的形成，是历史、经济、文化和社会的需要，若想人为地减少或弱化其功能作用，必将引致更多问题。因为上千平方公里的资源需要有一个中心来进行整合，这些资源包括农业、矿业、旅游业、加工业、林业以及历史留存的等等工业。近百万人口也需要有一个群落中心来解决区域管理、交流、教育、休闲、商业、文化等等只有城市而不是小镇才能具备的需求。从空气、水、土壤、垃圾等等生态可持续性需求来看的话，一个人口 10 万～50 万，面积 40～50 平方公里的县城，其基础设施的配套也正好解决污染问题，以避免第一产业的生态污染。当然，中国对县城和县级市在垃圾、污水这些污

> 在当今经济学、地理学、规划学、社会学一起融合,并将产生所谓新的城市社会空间系统学说的时候,西方人已经开始意识到完整的城市存在着社会结构系统和空间系统两大部分。而所谓新的马克思主义学说……

第三篇 规划、设计篇

染环境的基础设施的配套才刚刚开始,至于其方式方法是否正确还将随发展的进行而肯定有所改变,因为大量的垃圾可以回收,大量的污水可以利用,这是一个任重道远的事。

  古典时期留给我们肌理人性,社区邻里友好的县城经过这二十多年的发展基本荡然无存。当下的县城由于规划和建设方式的原因,基本与超大城市的大街区差不多,原有的人口一两万,面积几平方公里的县城现今基本将规模扩大了上10倍。由于人口密度指标定得比超大城市低,所以现今的县城均显得道路和楼距过于空旷,缺乏城市氛围,而邻里小区式的居住区的建设也让街区没有地域人文的文化传承。当下的中国,这样的县城比比皆是,极需进行修正。作为一个区域上千平方公里,人口近百万的地域中心,没有强烈的人气和浓烈的文化和消费氛围,那么本地域的中产阶级和富人们便会选择人气和消费生活氛围更好的城市。即便县城作为中国工业配套最低一级的城市,有可能有好的 GDP 值,但如果没有足够的人文消费城市特点,人们是要逃离的。因此,十多年以后,许多县城老城区的重建将可能是一项极有价值的事,因为大量县城的老城区本质上仅仅只是一个大城的街区,面积也就一平方公里左右,代价不会很大。但对于一个未来几十平方公里的县级市,一个传统而人性完整的街区都是必须的。不然,这样的县级市就都不会具有灵魂,也就是这个城市不具有元细胞。

  大城市(地级市):中国所谓的地级市,一般都是管理着一二十个县,有着几百万人口。

  发源于中原的汉文化和汉人,历经魏、晋,五代十国、金、元

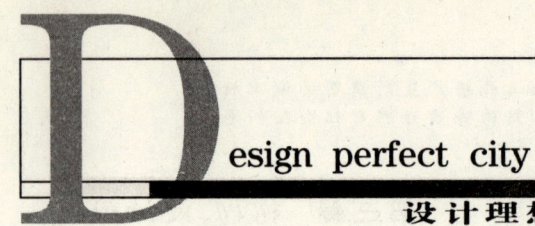

Design perfect city
设计理想城市

等时代的战乱与960万平方公里上的东夷（越的祖先）、南蛮（苗、巴、焚、濮、白、骠、缅）、西狄（氐、羌、吐蕃、突厥）、北胡（匈奴、华、夏）相互融合，形成了当今的中国和当今中国的语言生活区域以及行政区划。而现今省（自治区）、地区、县的区划等级基本源于元代。其实，秦汉时代的只有郡县二级的管理有着相当的合理性，只不过随着汉文化的扩展，国土疆域的扩大，仅有郡与县的二级管理让中央吃不消，便产生了管辖十几个郡、州、府的唐代的道，也便是今天省的来源。于是，中国便有了省、地区、县的三级管理。想来历经2000多年的区域的形成，是有着许多的经验和对地理地貌、文化生活的强烈肯定，这也便是为什么说了很久的省、县二级管理，取消地区的想法始终贯彻不了原因。因为有着上百个县的大省如果没有地区一级的话，只会造成省级管理的繁重，最后的实际操作必将出现大区域的分类，从而造成地区的本质出现。

古典时代，由于交通缓慢的原因，一个上万平方公里的区域在语言、生活习惯等等方面，有着天然的地域特性。一般而言，在这样一个区域范围也必将出现一个地域中心，因此当今众多的地级城市是几千年历史自然形成的。地级市的规模比县城大比省城小也是自然而然的，其所处的地理位置也基本处于这个区域的交通汇聚位置，有着这个区域的重要经济地理价值。当今中国的200多个地级市作为当地区域的交通中心和资源中心必将汇聚自身的工业。其实，仔细分析省城、县城和地级市，就会发现地级市在国家的工业配置城市里是最适合安置各类大型传统工业的。既有交通优势，又有足够的人力资源，而自身定位于

> 在当今经济学、地理学、规划学、社会学一起融合，并将产生所谓新的城市社会空间系统学说的时候，西方人已经开始意识到完整的城市存在着社会结构系统和空间系统两大部分。而所谓新的马克思主义学说……

100万人口左右的城市规模又能形成相当的工业配套。如此下来，一个省的传统工业如果大量配置在地级市，那么省城作为一个省的政经文中心便能有足够的优秀自然资源来向前发展。因为一个周边到处是工业区的省城是不会有什么好前途的，何况中国的一个省往往相当于西方的一个大国，这样的区域中心应该是政经文的高端部分。

方圆上万或数万公里，人口少则三四百万，多则六七百万的地区，历史上在地域中心形成的聚落一般都有五六万人左右。在古典时期，一个五六万人左右的城市其实已经相当大了，足以形成非常繁华的市井景象。那时的城市人口密度一般也就在每平方公里近万人左右。因此，一个五六万人左右的城市其面积常常能达到五六平方公里，而当时大量省城的面积也不过一二十平方公里。在有着完整城墙和自然城市肌理的城市空间形态下，这样的城市是十足人文，十足充满生活情趣的。这样一个城市的存在对于一个几百万人口的地区实可算是一种物质生活和精神追求的需要。作为一个地区的中心，这样的城市一般也就是这个地区大多数精英的汇聚区。从人口结构金字塔形的分析来看，几百万人的百分之几的一大半也便是几万人。这样的规模主要还是因为当时没有什么工业的原因。那时的城市居民大多数是区域管理者和区域富人们，而相当多的普通居民（大概占一小半）主要从事商业、服务业和少量的作坊，就是今天所说的第三产业。今天，50万人口左右的地级市无论从中国还是全世界的标准来看的话，都应该算成是大城市。何况未来的一二十年其规模还要至少扩大一倍以上，很多均可能达到城市人口百万左右。相应各

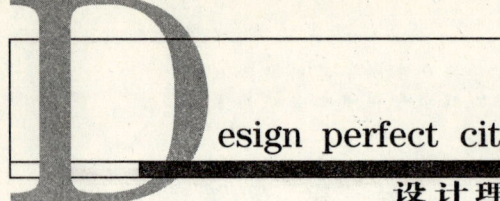

设计理想城市

种社会配套和基础设施配套会相当好,作为一个地区的中心,这样的地级市聚集区域人口 1/4～1/5 应该有其合理性。因为县级市的工业主要为村镇的第一产业配套的话,地级市就应该是该地区在区域规划的指导下朝第二产业传统方向去大力发展。从中国过去 50 多年的发展来看的话,大量的地级市确实定位在这样一个角色。但近十多年,由于省会城市及卫星城们在第二产业过多地获取了聚集权,而让地级市相应的在产业配置上有了某种忽视。其实,省城及其卫星城应该将他们的第二产业朝绿色的高端发展,而将传统的第二产业让给作为中国大城市的地级市。如果这样的话,作为大城市的地级市的城市人口估计其 1/5 左右均为产业工人。200 个人口百万左右的大城市便能聚集 4000 万传统工业工人,而一个百万人左右的 1/5 的产业工人将能给这个地区创造多少财富和产品呢?大概 10 年以后,都能达到两三千亿吧!这样的话,一个小小的地区,人口在几百万左右,GDP 的产值想必能达到、六千亿吧!也便是人均七八万应该没有问题,也就是人均一万多美元!这样的推测似乎与国家的发展目标相当吻合。这样的大城市对于中国来说基本应该是传统工业城市。而 200 多个这样的传统工业城市,传统产业工人达到四五千万左右的话,应该在给本国提供基本需求品的前提下还能给全世界提供足够多的生活用品。

当然,作为大城市的地级市均有着悠久的历史。虽然当下的城市建设大多已消灭掉了本地的地域特色,虽然未来的发展有可能朝大量的传统工业配置方向发展,但作为几百万人口的地域中心,其文化中心、生活休闲、娱乐中心的人性定位是极其需

> 在当今经济学、地理学、规划学、社会学一起融合，并将产生所谓新的城市社会空间系统学说的时候，西方人已经开始意识到完整的城市存在着社会结构系统和空间系统两大部分。而所谓新的马克思主义学说……

第三篇　规划、设计篇

要的。地级市与县城具有共同点的是，往后对历史老城区的恢复，应该可算作给全地区人民的幸福生活提供一个足够人性的消费片区和享受之地。这种老城区的恢复，其实就是当地人们生活的一个必备硬件，缺失了这样的硬件有可能引致区域人们的基因变异。这不是恐怖之言！

超大城市（省城）：在中国，超大城市应该分为两类：一类基本为城省，城市未来人口规模在500万～1000万之间；另一类为国家大区域中心城市，如北京、上海等，未来人口规模在1000万～2000万之间。估计未来20年中国500万城市人口以上的城市将接近30个左右，其中大部分为省城。至于1000万以上的超大城市到时可能会出现五六个，基本是国土的东、南、西、北、中均会出现一个吧！由于中国人口占世界人口1/4左右，且人口基本集中在只占国土一大半的中、东、北、南区域，这些区域人口密度相对较大，因此，到时全世界500万以上人口的城市中国要占据1/3左右；而1000万人口以上的超大城市也可能要占据1/3以上。中国这30个左右的超大城市其城市人口要有2亿左右；200个左右的大城市也将有2亿左右；2000个左右的小城市大约要有4个多亿；2万个镇也将有2个多亿。处于第一产业的村落到时可能会有50多万个，比现在应该减少20%左右，而这些按西方标准基本城市化的村落占据的人口基本是4亿多。如此算下来，到时中国的城市化人口基本就将近15个亿，与国家预测得差不多，城市化率就将达到95%以上。如果去掉村落部分的4个亿左右的话，人口城市化率也应该是70%以上。而一个一、二、三产业的全体国民均有着各自城镇生活的国家（大村落

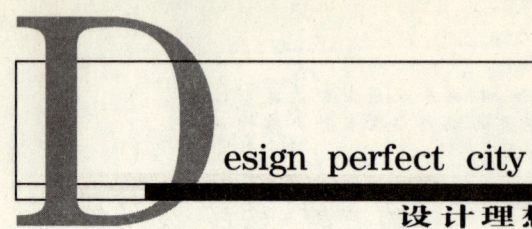
设计理想城市

也可算为小镇)应该相当和谐。

也许到时出现的城镇系统会与此不一样,因为可能由于省城对资源聚集的市场作用力太大,而将大量的能量聚集到自己周边的卫星城(也就是原来的小县城),从而在中国产生30多个1000万人口以上的超大城市,而大量的200多个作为大城市的地级市的规模上不来,人口只能达到50万人左右,比县级市大不了多少,县级市的人口大多只能在10万左右。如果这样的话,居住在县级市和地级市的人口加起来就会在3个亿左右,超大城市的城市人口肯定就超过了3个亿了。按照社会学家的说法,这种情况的出现,一般而言是社会极化的原因,它的社会现象便是贫富差距的扩大,而居住在县级市和地级市的居民便会有着一种二等国民的感觉。因为一个上万平方公里的范围没有一个百万人口、社会基础设施配套且上档次的城市的话,就像一个居住街区缺乏吃吃喝喝的餐饮休闲街一样,对于生活来说,存在着严重的硬件不足的问题。当然,也有可能产生30个左右1000万人口以上的超大城市;200多个100万人口的大城市;而2000个左右的县级市的人口基本便在10万人左右。2万多个镇的人口仍是2个多亿,50多万个村落的人口仍是4个多亿。这样的城镇系统的配置也许更能显示中国那时的超强能量,只不过30多个1000万人口以上的超大城市将会占据全世界这类城市的70%左右。从资源和人口结构金字塔形来分析的话,这种情况出现的可能性相对要小一些,因为到时超大城市和大城市的人口数量会达到近6个亿,接近总人口的40%左右。这样一个大城市集中度对于西方大国来说也应该是非常非常高了,何况到时中国的

> 在当今经济学、地理学、规划学、社会学一起融合,并将产生所谓新的城市社会空间系统学说的时候,西方人已经开始意识到完整的城市存在着社会结构系统和空间系统两大部分。而所谓新的马克思主义学说……

第三篇 规划、设计篇

总体发展水平应该比西方还有相当的差距呢!按照中国的经济水平和过大人口数量的情况来看的话,中国的大城市的人口集中度能够达到25%~30%就很不错了,中国这样一个人口13亿~15亿的国家是不可能像韩国那样,一个汉城就占据总人口的一半左右。如此看来,还是第一种情况在国家整体资源和社会和谐结构上更符合中国未来的发展国情。

作为超大城市省城所在的省(自治区),一般而言少则几千万人,多则近亿。省域面积少则10多万平方公里、多则几十万平方公里,少数几个自治区则多数上百万平方公里。与欧洲相比,基本属于大国性质。中国现在的这20多个省(自治区)历经几千年,在人种和文化方面虽然有了很多的融合,但相对而言,各个省(自治区)域在人种、语言、生活习惯,以及地理地貌等等方面,均有着各自的强烈地域特点。想必,这也便是中华文化既统一又如此丰富的原因,这统一中最大的原因之一便是咱们的汉字。

虽然,美国霍华德推崇的田园城市在英、美、澳兴起了中产阶级们的优美田园小镇,但居住在这种田园小镇的居民却始终要依赖一座规模相当大的城市才能获取到自身生活的满足。从城市的规模来说,到底应该有多大才能基本保证让市民获取到一种既能切真体会到现代城市设施内容;又能充分体会到一种有序复杂的丰富城市文化内容和生活内容呢?从一座既现代又传统的城市生活内容来看的话,这样的城市在21世纪的今天,应该有一座至少上万座的体育场;一个物品充分多,地域内容较广的博物馆;一个上千座的剧院或音乐厅,数个足够大的公园;一两条非常繁华、热闹的餐饮大街;一个十分繁华、热闹的商业

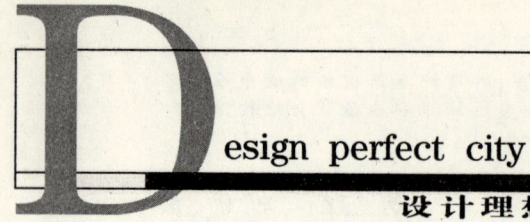

Design perfect city
设计理想城市

街区；一个小型机场；一个年吞吐量上百万人次的大车站；数座学生上千的高等学院、学校；几十座100m以上的高楼大厦；有一条大河或一大片上平方公里的水面；有一个上平方公里的老城区；很多个人口上万的居民新区等等。在中国，一般而言，要过上这样的城市生活，基本都要在百万人口左右的城市才能得到。本质而言，一个一辈子始终生活在一个几万、上十万人口城市的人，是基本体会不到足够丰富的现代城市生活内容的，其思想的深处也就必将与在大城市、超大城市里的国家系统文化有着某种隔阂。虽然网络和大众传媒能将所有信息发布到深山老林里，但真实的身同感受却始终有着一种临界的区别。这便是中国城镇系统里200多个100万人口的大城市对保持国家整体认同、主流文化和共同生活的认同，具有绝对基础作用的原因。如果中国只有30来个超大城市，像霍华德所推崇的那样的话，剩下的都是些几十万、10多万的小城市以及几万、几千人口的小镇，那么国家的整体认同会相应的差很多，从而引起社会的不稳定。而在一个众多百万人口的大城市的基础上，一个与西方大国差不多的省域所出现的、人口500万以上的省城的存在便能极大地凝聚这片大地域，从而形成强大的各种向心力，形成这片地域民众们的强大自信心和无比丰富的生活内容。本质而言，中国省城的作用就相当于西方国家都城的作用，而中国都城的作用就应该相当于西方的洲际中心吧！

中国这30多个500万人口以上的超大城市，在这样一种定位下，其发展的方向就应该很明晰了。首先，它是一个省域的行政中心、文化中心、消费中心、快乐中心、休闲中心、旅游中心、

> 在当今经济学、地理学、规划学、社会学一起融合,并将产生所谓新的城市社会空间系统学说的时候,西方人已经开始意识到完整的城市存在着社会结构系统和空间系统两大部分。而所谓新的马克思主义学说……

第三篇 规划、设计篇

教育科研中心、金融中心,以及高科技工业中心等等。在这样的基础上,它最主要的是肯定会集中整个省域有钱人。估计大概会集中全省域80%年收入在20万以上的家庭在这样的城市安家买房。这部分人的家庭大概占据省域人口的1/4以上,这也便是为什么当下这样的所谓二线城市房价会大幅上升的原因。在未来10年,这30多个超大城市其规模会快速增长,其人口的如上聚集,再加上大量的第三产业的配套人口,这样的城市便最终会成为这个省域的居住生活中心。其人口的省域聚集度应该在10%左右,也就是这个省域的10%左右的人口将居住在这个超大城市里。可以想象一个集中了省域大部分有钱人的城市,其生活的安排是如何的重要,其居住区的打造又是何等地需要精心考虑,而不能仅仅只是解决居住功能问题。因此,站在这样一种角度,省城就不能把自身定位于省城的第二产业中心。为了更好地打造这个省域的高级别居住生活中心,而只能搞高科技无污染的第二产业,并且最好将这样的产业安排到离省城一二十公里左右的卫星城。大量的仓储和生资市场也应该向交通方便的卫星城集中,从而彻底让这个人口500万以上的超大城市成为一个第三产业占据80%左右的省域居住生活中心;成为这个省域最有价值、最有生活情趣、最有现代化、又最有传统文脉、最有前沿科教思想、又极有创造精神的复杂而有序的超级魅力大都市;一个吃喝玩乐的超级大花花世界。这样的大都市的存在对于一个几十万平方公里的区域,无论在物质和精神层面,对于这个区域的人们来说都是幸福生活的一种客观需求。而大多数居住在中、小城市的民众会为自己经常能在这样的大都市来消费而

设计理想城市

增添生活的信心，就像古典时期民众会为能经常逛庙会、赶场而油然增添生活乐趣一样。省城对于省域的人们来说便是一个超级大庙会；一个超级大花花世界；一个充满无数复杂生活内容的大聚落。可以想象，这样的超级大花花世界怎么能简单地打造出来呢？它必然要有非常人性、非常复杂、非常考究、非常和谐的整体绿色思维。

至于1000万人口以上的国家大区域中心城市，由于它们的定位更是世界最高级，它们是全国最有钱、有权人，乃至是全世界最有钱最有权人的居住生活中心。因此，对它们的打造就更是要求高得多，但基本的思想却如出一辙。不过这样的国际性超大城市绝对不应该有工业，它们统统都应该是100％第三产业城市。而不像省域性的超大城市第三产业70％；第二产业20％；第一产业10％即可。

2、中国社会结构分析

近年，中国社会科学院的学者们出了份《当代中国社会阶层研究报告》。较为客观地将中国当今的社会进行了十大分层。他们便是：国家与社会管理阶层，经理人员阶层，私营企业主阶层，专业技术人员阶层，办事人员阶层，个体工商户阶层，商业服务业员工阶层，产业工人阶层，农业劳动者阶层和城乡无业、失业、半失业阶层。并将这10个社会阶层依据社会经济地位等级分为社会上层、中上层、中中层、中下层、底层。不过，这样的

> 在当今经济学、地理学、规划学、社会学一起融合,并将产生所谓新的城市社会空间系统学说的时候,西方人已经开始意识到完整的城市存在着社会结构系统和空间系统两大部分。而所谓新的马克思主义学说……

第三篇 规划、设计篇

分析由于缺乏具体物质生活内容对比,以及个人金融资产和年收入的各项类比,因而还不能使人们有较为清晰的概念。也许由于中国在房价和地区收入有着相当大的差距,对具体的类比难以进行。然而对于研究城市的人们来说,虽然中国的城市档次有着相当大的不同,但从中国当下各类城市居民的住房和私家车两项来分析的话,其实就能较为轻松地将城市居民的层次分析清楚。

一般而言,在中国的任何中小大城市,能够称为富人的人们,大体他们的第一居所在120～150平方米以上,有第二居所的别墅,家庭年收入应该在50万以上,开30万以上的轿车;而中层民众他们的第一居所在100～150平方米,有较小的第二居所(亦即小户型的度假用房或第二套住房)年收入在10万～50万左右,开10万～20万左右的中档车;而下层民众其第一居所大概在100平方米以下(农民除外)或租房住,没有第二居所,年收入应该在2万～10万,无车或有低档车或二手车等;至于底层的民众,基本应该是住类棚户区或农家房,坐公交车,家庭年收入2万元以下或无固定收入或吃低保。从这样的具体物质生活内容来看待中国的这10类阶层的话,大概社会上层应该是国家与社会管理阶层、经理人员阶层和私营企业主阶层;而中层人员应该是专业技术人员阶层、办事人员阶层和个体工商户阶层;至于下层民众则应该是数量最多的产业工人阶层、农业劳动者阶层和商业服务业员工;而底层民众则应该是无业、失业、半失业者。他们的数量不太多。

将中国现在这十大阶层简单地分为上中下底四个层次似乎

设计理想城市

有些粗简,但若处于繁杂的城市社会,久而久之,便会发现这样的分类其实是商品经济的结果。因为,从大量的商品的定位和消费档次的定位来看的话,这样的分类应该是有着一定的道理。就像富人消费俱乐部、中层消费高档餐厅、下层消费普通餐馆、底层消费路边摊档一样。中国当下的社会基本已有了这样的消费秩序。从私人存款穷富比例,各城市商品住房户型比例,汽车消费档次等等情况综合分析的话,中国现阶段的上层人士大概在人口比例中占家庭总户数3%左右,中层阶层应该占据家庭总户数的15%左右,而大量的下层阶层基本占据70%多,至于底层民众应该不足10%。当然由于任何城市均是一个区域的地域中心,人口极化现象也要严重些。其汇聚的人口相对来说富人要多些,穷人也要多些。因此,这种上中下底的比例在城市中就有可能有一些变化。有可能上层为5%左右,中层为20%左右,下层为60%左右,底层为15%左右。从生活具体感受的评价来看,上层的生活基本是享受的,并有着经常的奢侈性,手头很阔绰,中层的生活基本是舒服适意的,手头较为宽松,大量下层的生活是辛勤节俭的所谓温饱型,而底层民众的生活则常常是劳苦艰辛而相当有失落感的。其实以这样的城市生活的身同感受,来看待西方发达国家的民众构成的话,想必能过奢华生活的上层不会超过5%,能过舒心畅意生活的中层也基本不会超过20%,大量的民众应该还是相当艰辛和节俭的,这便是任何国家作为一个社会的必然现象。尤其在当今市场经济全球化的情况下,就更是如此。因为一个正常的社会,肯定要求大多数国民既勤劳工作,又生活节俭的。不可能像美国人所推崇的那样乱消费,甚至负债也

> 在当今经济学、地理学、规划学、社会学一起融合,并将产生所谓新的城市社会空间系统学说的时候,西方人已经开始意识到完整的城市存在着社会结构系统和空间系统两大部分。而所谓新的马克思主义学说……

第三篇 规划、设计篇

要乱消费。即便一个国家是如何发达等等,正常的社会要求最终会将大多数民众定位在普通劳苦大众的位置上,而只有少数的精英才能过上舒适享受的生活。不然的话,大量的国民都过一种舒心畅意的享受生活不事劳作的话,那么一个国家、一个社会必将走向毁灭。从来没有什么不劳而获能成为一种大众现象,尤其像中国这样一个大国,人口如此众多,是不可能让大多数民众只干些轻松行业就能过上舒适生活的。此外,从绿色可持续发展理念来看的话,也要求人类过一种俭朴的生活。即便像一些人口不多的西方小国,要永远做一些既赚大钱又不太花体力的金融行业也是难以持久。因为全球化的到来,让世界变平了,也就是相互要激烈竞争了。

从这样一个上中下底的人口结构来看的话,其实大多数国家的社会结构基本都是金字塔形,少量的精英领导们带领着足够的中层管理人员领导着多数民众在各自幸福安康的道路上各自行进并相互竞争,相互协作。这便是世界各国的当下景象,也是历来的人类历史景象。人类历史已有几千上万年了,自有社会以来,从来是如此,这样的普遍现象至今都有着绝对的真实性。那些所谓中产阶级占多数的现象,其所讲的只是这个国家的下层的日子过得比其他国家的下层甚至中层还要好些,但永远不能说他们过的是他们国家少数真正中层过的日子,他们仍然是这个国家的大多数国民中的劳苦大众。

也许有人会说,在中国年收入七八万,有套100平方米左右的房子居住,有辆低档车开开的日子应该基本列为这个社会的中层了。但要搞清楚的是,在中国,真正的中层的生活绝对不是

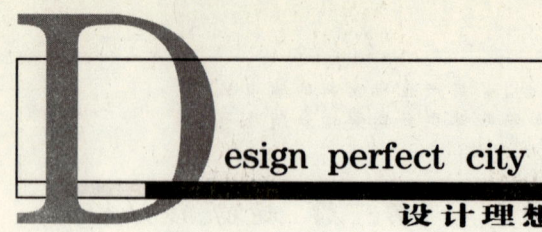

这样的。至于上层,那就离得更远。因此,本质上来说,他们仍属于中国社会的普遍辛劳民众,只是比年收入二三万坐公交车的工人们要好些罢了。但是从社会地位来看的话,他们都一样。当然也可以将他们列为下上层、下中层,但要将他们列为中中层、中下层却好像有些不妥。因为对于一个国家来说,中层的作用是相当重要的,既承担着上下沟通,又承担着大量技术性作用。以这样的社会、商业、经济角色来看的话,中层的数量是不可能很多的。因此,当下的中国将商品住房的开发比例,用90平方米以下的占70%以上,是与社会结构和当下经济情况吻合的。而如果将这样的执行标准以一平方公里大的街区范围来要求的话,就会显示出其巨大的合理性。因为新城市主义的混合型社会结构便基本是如此安排居住用房的,亦便是富人、中产阶级、穷人都能经常相互打照面,各处其所的和谐社会的和谐社区景观。而不是当今已经相当冒头的所谓社会极化现象搞出来的穷人区和富人区相互隔离、相互分层的、有着某种对立的恶劣景象。这样的恶劣现象不是一个人性的社会,它必然产生人压迫人的社会出现。

> 在当今经济学、地理学、规划学、社会学一起融合,并将产生所谓新的城市社会空间系统学说的时候,西方人已经开始意识到完整的城市存在着社会结构系统和空间系统两大部分。而所谓新的马克思主义学说……

第三篇 规划、设计篇

3、人性群居生活的社会构成安排

在城市,什么人在过着惬意的日子呢?是不是只要有足够的钱,就能过一种舒适的城市生活呢?从当今中国的大多数城市的富人们的生活来看的话,似乎并不是这样。由于大量的所谓富人区其阶层的基本同性,其空间构成的所谓高级公寓、别墅型,它们共同构成的社区从而有着某种单一。如果这样的富人区所构成的街区非常大,各个地块的楼盘性质都差不多,且沿街的商店的定位都在中高档以上,那么这样的地方在现在的中国基本上都被称之为这个城市的富人区。在这样的区域,路上到处都是高档车,在人行道上散步的人们都衣着光鲜,个个自命不凡,街上秩序井然。保安们站在各自的大门口严肃地管理着进出的车辆,路边的商店干干净净,落地玻璃将室内好装修透得清清楚楚。这片富人区里唯一的穷人们均在各自的厨房里、工作间里干着各种杂活,在街上难见其踪影。然而,透过这一切,这浮华的表面背后却很难感觉到有街坊的情趣,有邻里的人情。这里根本没有传统街巷社区的温情、没有自由的闲散、没有市井文化、没有多样性、没有有序的复杂性,一切都过于秩序井然、有条不紊,有着一种让人喘不过气来的简白。中国人传统居住文化中那种出能入市、人能修心的既静且闹的邻里街坊生活,在这些所谓富人区里根本感受不到,也根本不可能有存在的根基。因为其空间构成的方式方法是《雅典宪章》式的,是邻里小区式的,从而透着一种无尽的沧白。这种主要由上层和中层构成的所谓富人区在当

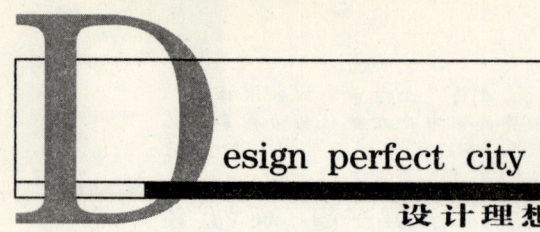

下的中国有着城市中的普遍现象,并被大众文化推崇着,本质上是人性城市文化发展的一种障碍。

在城市的另外一些边缘区域,有着另外一种决然不同的景观。这便是由大量类棚户区或简陋农家房舍构成的穷人区。这些地方房屋已经破败,居民们由于钱包里只有可数的几张小额钞票,不像富人区的居民个个钱包丰厚,因而这里的屋租便宜、消费低廉。人们衣着随意廉价、敞胸露肚、毫无拘束,艰辛中透着一种散漫。街上杂物四处,街边角落时有打牌者、打盹者、独自饮酒者、发呆者,偶尔听到一两声吆喝声,想必是其他地方很难听得到的磨刀、补锅之类的小贩们在起劲的叫喊着。这里的一切有着极多的无序,但也有着相当的人性随意和自由自在,有着某种祥和的邻里氛围。这种由大量底层和少量下层的人们构成的区域虽然有着充溢的人气,但物质的匮乏却让社区的人们感到了社会边缘的无奈和相当沉重的压力。由于钱包干瘪,社区的人均金钱密度就很小。于是相互提供的服务即便再好,也很低廉,与金钱密度很高的富人区有着鲜明的区别。在那里,即便提供很一般的服务,也能收到相当好的回报,这也便是富人区房租高、消费高的原因。

中国城市中,大部分居住区主要是以少数中层、大量下层和少部分底层构成的所谓较早的新城区。这些1980年代末1990年代初随中国城市化进程加快所发展出来的早期新城区,大多数采取的模式是将被征地的农户就地用不到1/10的土地,简陋的多层小户型房屋安置。剩下的土地修建的房屋除开少量安置旧城改造的拆迁户,便大量面向市场进行销售。由于片区开发周期

> 在当今经济学、地理学、规划学、社会学一起融合,并将产生所谓新的城市社会空间系统学说的时候,西方人已经开始意识到完整的城市存在着社会结构系统和空间系统两大部分。而所谓新的马克思主义学说……

第三篇 规划、设计篇

普遍需要 5～10 年完成,从而在房屋档次上有着历史上的差异,最终让这样的片区的居民有着中、下、底的构成。这样的居民区,一般而言,最后开发的地方基本是中层人士的居住之地。它们路较宽,楼下无商店,有围墙,属于典型的所谓花园住宅。最早修砌的房屋一般都是就地安置的农户和部分老城区过来的老居民。他们的楼房质次,楼下满是临街店铺。由于楼房普遍户型小,因而居民特多,人气特旺。而大量开发出来的普遍住宅便作为户型 60～90 平方米一般商品房销售给了城市中的大多数下层民众。这些房屋的楼下或有商店或有围墙,人气居中,不温不火。整个这样的居民区在中国虽然被以邻里小区的方式修建,但由于社会构成方面多样性的原因,因而多多少少仍有着一定的社区氛围。如能将所有临街、临路楼房下的围墙加以修正,应该可以将社区改造得相当有滋有味。

此外,在中国城市中的一些历经磨难而留下来的个别大环境极好的老城区,由于资源被过早看上,因而也就较早地被上层人士或改造、或改进,从而与周围的老居民一起构成了老城区里较静谧、却很惬意的居住小社区。在这样的老城市肌理里的小社区里,还能粗浅地体味到出能入市、入能修心的中国居住文化理念。由于老居民中有中层有下层也有底层,因而这样的小街坊是上、中、下、底各层次均有。且由于老居民因历史形成的街坊、邻里社区关系,因而有着一种可贵的和谐。当然,当今的中国,不见得任何城市都留存有这样的有着少得可怜的传统因素的小街区了。然而,抛开老城区的城市空间肌理和小尺度自由的街区环境不说,仅仅是这种上、中、下、底均有的社区社会结构便是极

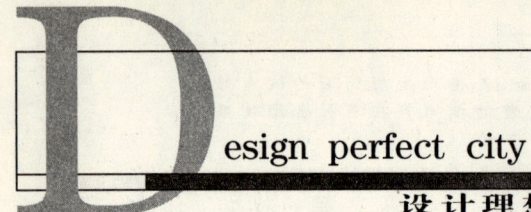

Design perfect city
设计理想城市

有价值的社会取向,这也便是为什么新城市主义要竭力将此推崇的原因。

七八十年以前,《雅典宪章》将城市的主要功能划分为工作、居住、交通、休憩四个部分。对于整日忙忙碌碌的人们来说,很多时候,居住在城市里就是没日没夜的干活挣钱、吃饭睡觉。也就是说,在这类人的心目中,城市的主要功能基本就是一个工作场所。而所谓的居住,也就是一个睡觉的地方! 100年以前的西方,大多数民众想必也是这样理解城市的。在当今的中国城市里,这样的民众可能占据着很大一部分。这也便是当下的中国居住区即便不怎么考虑社区氛围,即便将居住区建设得冷冷清清,只要房型够好、绿化够多、秩序良好、就都好卖的原因。因为大量的人群主要将居住区当成是一好睡觉的地方了。然而,随着人们生活水平的进一步提高,随着大多数城市功能由第二产业为主向第三产业为主的过渡,城市作为区域中心的作用将越来越显示出居住和休憩在城市四大功能作用中的越来越主要的性质。也就是说,在一种理想社会的需求下,城市最终的作用对于这个区域的人们来说,应该是一个快乐中心、幸福中心。而工作中心的属性应该只是人们来到城市的一种基本需求,但不是终极需求。因此,以这样的观点来给城市四大功能排位的话,想必应该是居住、休憩、交通、工作吧!而所谓后现代的城市理解想必也是如此。

当然,1977年的《马丘比丘宪章》在《雅典宪章》列出的这四大城市功能外,特别提出了人与人之间的交流是城市的主要作用。这一个过晚肯定的正确理念也才引出了西方对于社区建构

> 在当今经济学、地理学、规划学、社会学一起融合,并将产生所谓新的城市社会空间系统学说的时候,西方人已经开始意识到完整的城市存在着社会结构系统和空间系统两大部分。而所谓新的马克思主义学说……

第三篇 规划、设计篇

的重视。站在这样的角度来分析我们今天各自的城市生活,便会发现,中国随着社会极化和社会分层的出现,这上中下底各层之间的交流有了相当大的障碍,并且由于在城市空间系统的建设中毫不考虑《马丘比丘宪章》中所提出的人与人之间的交流极其重要的原因,这种障碍就有了更多的空间阻隔。大多数下层民众在工作中在效率至上的企业文化里深切地体会着上、中层的管理。而在工作之余,大量的精力基本耗费在家庭上,而对于城市中真实存在的各个阶层的接触和交流想必是极少的。那少得可怜的交流,想必主要来自于他们自己所处的同一层次。这种虽居于百万人口的大城市,却常常缺乏社交的城市生活,并不是一种少数现象。虽然有着民众各自性格的因素,但相当分隔的社会组织和空间组织是有着很多责任的。这也便是为什么大多数民众的社交圈子基本就是自己的工作圈子的原因。然而,一个人口如此众多的城市其能够提供的多样性是极其丰富的,一种人性的群居城市生活实在是民众们的根本需要。对于大多数人来说,除开工作之外,居家生活很多时候基本就是城市生活的大部分,而一个丰富的街区社会结构实在是这种丰富居家生活的有力支撑,因为大多数的居家休憩生活很多时候是在一个不到1平方公里的大街区进行的。在这样的一个大街区如果适当地将社会的上、中、下、底各层的民众依据5%、20%、60%、15%的大概比例进行空间上的适意安排,并将这个大街区的所有路边都进行可进入式的空间布局,不选择围墙,想必最终这个大街区将会形成许许多多的各种各样的交流方式和交流空间场所。当然,由于那些极少数的上层民众要追求阶层的独处。因此,这样的大街区也

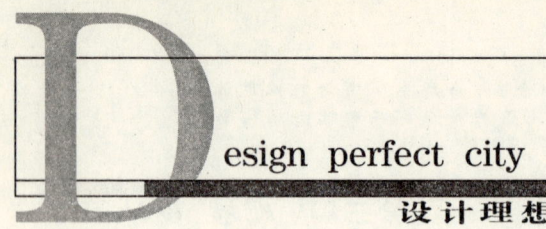

Design perfect city
设计理想城市

可以不考虑上层的比例,但社区的特色肯定要大打折扣。一个有着富人、中产阶级、普通民众和穷人的大街区,在有着充分街道式的邻家生活方式的城镇生活里,即便有着各自街道上的消费场所,但肯定能相互提供非常丰富的服务。而对于许许多多的上、中层民众来说,能够知根底的不太富裕的下、底层邻居是不是更有其信任度呢?而当今的中国在让花园住宅的大量物管人员居住地下室,让大量的街边消费场所的服务人员去拆迁安置房合拼租房,让许许多多提供摊贩服务的底层民众去郊外城乡结合部胡乱杂居的时候,其实完全可以在一个大街区的范围内,合理地将一个大街区实际运行的社会结构进行大致比例上合理的安排,从而将这样的街区构建得既非常实用,又非常和谐。依据这样的社会层次比例来在空间上进行既符合现在国家的国土政策,又符合现代生活的物理指标,对于许许多多的规划研究院、建筑事务所来说实在是非常非常有研究价值的课题,一定会产生许许多多的非常有意思有人性的好成果。这样的人性成果,一定会远远好于当今人们津津乐道的这个楼盘、那个名盘。

一旦一个城市解决好了街区问题,那么也就解决好了这个城市民众的最重要的城市生活问题,而剩下的工作、交通、教育、文化、运动、休闲等等其他涉及城市大配套的问题,即便像《雅典宪章》所追求的方式去分区解决,也会让这个城市基本正确。当然,如果像新城市主义所追求的将大量的城市分区配套在每个街区内合理配置,且又实用的话,那就更好了!一个大街区里既有富人高级公寓或连排别墅,又有中产阶级们临街花园住宅,又有普通民众们的居住群落和下层民众们的高密度小户型

> 在当今经济学、地理学、规划学、社会学一起融合,并将产生所谓新的城市社会空间系统学说的时候,西方人已经开始意识到完整的城市存在着社会结构系统和空间系统两大部分。而所谓新的马克思主义学说……

简屋;既有高级餐厅、高档茶坊,又有普通餐厅、低档大排档,又有办公楼,又有小旅馆,又有街区广场,又有公交站,又有草坪花园,又有临街住宅组成的街道,又有主要商业大街的大街区生活、肯定非常丰富、非常人性、非常有序、又非常复杂的。这样的人性群居生活的城市大街区应该会在中国不久的将来缓慢出现。如果能这样的话,想必是一件令人欣慰的事。

4、城乡社会的理想关系

当今,城市市民和乡村农民有着完全不同性质。前者在城市从事二、三产业,后者基本在乡村从事第一产业。即便多少年后,农民大多集中居住在小镇式的大村落里,在城市人的眼里,他们仍属于从事第一产业的农民,因为他们享受不到大城市里大量花钱不菲的各种公共设施配置。然而居住大村落里的农民也可以说城市市民大多时候享受不了乡野的绿色自然。这种乡村作为城市的后花园,城市作为乡村区域的各类公建设施集中点的区别,是城乡差别和城乡两个范畴的根本所在。此外,在城与乡的交接地带,由于社会经济的城乡之差,以及城市地价由内向外的递减共性,这种不城不乡地带的民众有着某种特别性。由于所有城市的城郊部不管是卫星城也好,还是卫星镇也好,一般而言均是安排第二产业的优选之处。在当下的中国,这种城乡结合部一般而言均处于环境极恶劣的处境,大量的居民也属于租房的底层民众。按多少年后,中国城市化达到饱和的情况来看的话，乡村的农民和城市的市民其社会关系将只是从事的行业的不同。也许到时大量的农民均会有城市的第二居所，而大量的城市市民也会在周边的乡村有自己乡野的第二居所。至于城乡结合部，由于工业区的不可避免以及社会始终有着底层，而底层始终要向城市地价最低处汇聚，因而城乡结合部的民众将始终有着大量底层的特色。只不过，如果将城市各个大街区的社会构建推向上、中、下、底各比例合适地多元的话，也许城乡结合部的底层特色可以淡化。不过，只要市政设施在城与乡均匀分配的话，城乡结合部的大量底层民众将能有一种设施完整的生活。而这种区域将自成其底层极具生活氛围的特点，而这样的城、乡及其结合部的社会构成想必将是和谐的。

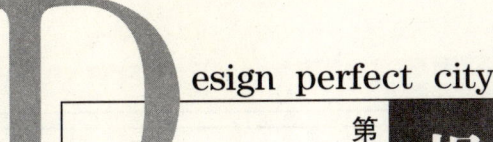

第三篇 规划、设计篇 （二）空间结构部分

引言：

在一个城市建设如火如荼，房地产行业极其疯狂，城市建设规模快达到最终规模的一大半，而城市建设方式均以《雅典宪章》为准绳的当下中国，看到优秀的思想在现实中严重缺位的景况，看到城市新区满目皆是的各类已经建成或正在修建的强大物质性的基本如同住人机器的大楼盘、大居住地带，想想要再来谈什么怎么营造理想城市的事，实在是有点不合时宜。然而，如果所有的人均随波逐流，均埋头追求物质效益的话，是否人类的生活，市民的生活将会有一点乏味呢？而内心在物质生活低度满足且常有些微少理想的时候，是否需要有一点毫无物质追求的精神逐浪呢？也许对于当下人们来说，这言语纸片间的理想描绘，仅仅只能是一种虚弱的无力蹦跶。然而，对杂乱现实的苟且却也是咱们难以忍受的，于是最终也只能举起无力的笔？

1、城乡、城市群关系

前文说到的城与乡的社会关系，其实，在未来将只是体现在所从事的行业上面的不同。而从物质空间关系来看的话，城市与乡村的区别又究竟以什么东西来加以界定呢？当今的中国主要

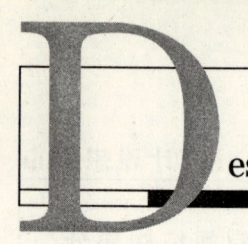

Design perfect city
设计理想城市

以人口密度来进行划定。即每平方公里人口数量大于2000人的区域就称为城市,而小于2000人的均称为乡村。这样的标准,在本质上仍缺乏物质空间性质的描述性,也就是缺乏直观描述性。其实从中国对于村落修建及小镇建设的土地建设指标强度来看的话,最小的容积率也基本在0.5左右。如此推算下来,也就是每公顷土地上有居民100～120人左右,而换算到每平方公里便是1万～1.2万人左右。由于考虑到现在已被计入城市化指标的小镇有可能不到1平方公里,以及中国的未来有可能将土地整理后重新聚集的大村落重新计入城市化指标。因此,用每公顷大于100个居民而规模不小于20公顷的建设区域均可计入城镇范围是否更准确些呢?这样的话,有可能许许多多从事农业的民众其第一居所之地就属于城镇范围了。而城与乡的区别就仅仅只是自然物质方面的,也就是那些利用地表自然土壤和水面从事生物性生产的地方就成为乡村。矿业由于从事的虽属自然地表但非生物性生产就只能称为工业了!至于乡村的次自然属性与城市的人工属性在物质、社会、空间上的互补本质,就如同中国哲学中的阴阳理念,从而将事物的两方面统而合一了。于是几百上千年来存在于人类思维状况里的城与乡最终在社会结构上成为一个整体,在物质空间上成为互为表里的完整板块。而一种全面的、绿色的、可持续发展的城乡整体观念早已被今天的人们所认可,并将在未来的发展中加以执行。

这种城与乡就如同一个完整细胞,城市如同细胞核的形象说法对于真正的城市来说稍微简单了一点。因为大城市、超大城市均有着自己的卫星城,有着自己的城镇系统。即便是小县城也

> 在一个城市建设如火如荼，房地产行业极其疯狂，城市建设规模快达到最终规模的一大半，而城市建设方式均以《雅典宪章》为准绳的当下中国，看到优秀的思想在现实中严重缺位的景况，看到城市新区满目皆是……

第三篇 规划、设计篇

有着一整套村、镇系统和自己的卫星镇。只不过，在历经几千年发展的当今的中国，真正能够在经济、文化、生活方式上相对具有独立性的城市，一般情况下均是地级市以上的大城市。小县城、县级市均在相当大的程度上对地级市的大城市或超大城市有着根本依附。从地理情况来看的话，大城市之间相距一二百公里的距离，即便在今天交通基本具备高速公路相当迅速的情况下，对于具体的生活工作范围来说，仍是一个令人相当疲惫的距离。这便是地级市以上的大城市、超大城市其各具独立性的真实原因。因此，对于大城市、超大城市来说，在均具城镇系统的情况下，其城市的空间特征是均在中心城区的周围有着自己的卫星城，从而与自己的主城区构成一个由主城、乡村、卫星城整合成的城市圈、城市群的空间环境。这也是大城市们具有区域独立性的经济、产业安排的必然结果。因为卫星城与主城区之间的10多公里的距离在高速公路、城市地铁的范围内是非常方便、密切的、极具分合状态下的紧密整体城市状态。

在这样的城市群区域里，主城区的性质是不言而喻的。卫星城及其与主城区之间的乡村，以及卫星城与主城区之间快速路、高速路或地铁、轻轨线两边的区域和主城区的城乡结合部，这四大部分其功能属性及土地在城市群这个大范围内的市场定位，均有着各自不同的发展方向。

首先，卫星城对于主城区来说，原有的县城的作用基本继续延续。然而随着主城区的工业和仓储运输业从主城区的撤离，那种处于公路、铁路、航空港、水运码头的卫星城，就成为整个城市群中的工业仓储集散中心。在大量的区域规划中，这样的功能

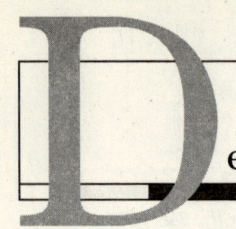
Design perfect city
设计理想城市

安排基本是一种方向。至于那些处于区域的上风上水、自然环境很好的卫星城，就基本成了城市群里远郊住宅、教育文化产业外延发展的汇聚之地。只不过这种卫星城的居住功能主要面对的仍是卫星城的居民们，其对于主城区的居民的吸引力最多仍是在老年退休人员范围。即便有了地铁或轻轨的连接，这类卫星城对于主城区的居住吸引力应该仍然是房价方面的。所谓居于郊野，工作于市内的优质生活，对于中层和下层民众来说是非常辛苦的。至于底层的民众，他们会选择又便宜又相对方便的城乡结合部。未来，相当多的卫星城对于主城区来说将主要是产业工人们的汇聚之地，以及主城区的大宗商品的汇聚之地。

至于卫星城于主城区之间的乡村，想必其第一产业的功能仍是主要的。在此之上，其后花园、苗圃、菜圃的作用以及城市发展备用地的作用相当广泛。只不过，当下的中国已经有相当多的地方将这类近郊乡村作为了城市上层民众的乡野豪宅区的用地发展方向。如果规划合理，设施配套完整，在主城区周边有些少量而高级的豪宅区也未尝不是城市文化的一道风景线。不过，如果这类乡村的新建村落也规划合理、设施齐全、设计质量高、修建质量也不错的话，那么这些所谓的豪宅区与大村落也就基本处于相类似的档次。也就是说，未来的新村落，尤其是大城市周边的被城乡一体化重新打造后的新村落将有着非常大的潜质，不要小瞧了它们。

在卫星城与主城区的快速通道两边，由于其交通的优势，自然其土地的价值得到巨大提升。于是，城市的各类项目均在其两边蔓延发展。其中，有着相当多的居住项目。这似乎也是一个世

> 在一个城市建设如火如荼,房地产行业极其疯狂,城市建设规模快达到最终规模的一大半,而城市建设方式均以《雅典宪章》为准绳的当下中国,看到优秀的思想在现实中严重缺位的景况,看到城市新区满目皆是……

第三篇 规划、设计篇

界性的问题。由于其有着无序蔓延的性质,且沿路两边的纵深很浅,难以形成大街区的社区性质,且远离城市的各类公建配套,因而,这样的地方的居住质量始终难以得到完整的提高。即便将纵深向厚发展,让其成为一个一个连接的完整大街区,也就是一串1平方公里大小的完整社区,也仍然毛病多多。因为一个1平方公里左右厚的线型城市或一串相连的居住小镇,远远不能跟真正的城市相提并论,也就是成为不了真正的城市,只能是串联小镇。虽然喜欢赶时髦的中层民众会购买它们,但最终难以在这些地方长久居留,只有留给老年人或出租给在附近工作的人们,或作为过热经济的投资产品让其空着等待升值。在未来,这些快速通道两旁远离主城区的居住建筑,如果都有快速公交和轨道交通的话,将可能大量作为底层民众后等居住选择。其实,这样的区域是比较适合作为教育文化用地的。至于少量相对低价值地段作为工业仓储用地也未尝不可。但当今的中国大城市们的快速通道两边的大量的这样的区域却规划混乱,工业、居住、教育等等相互混杂,有着相当的无序蔓延景况。作为卫星城与主城区的快速通道两旁的区域,本质上来说最适合搞高级豪宅区,底层民众低价居住区,教育、文化、旅游项目,少量与工业卫星城相连的仓储工业带,高科技农业、苗圃区,城乡一体化的新村项目等,基本不适合搞中、下层民众住宅。

当前,中国大量城市的城乡结合部由于历史的原因,有着大量的低劣乡镇企业和乱七八糟的老旧仓储业、工矿业。它们与大量的低劣农宅相互混杂,毫无城市基础设施配套,从而有着比乡村更为恶劣的环境,应该是任何城市最为混杂恶劣的地方。在未

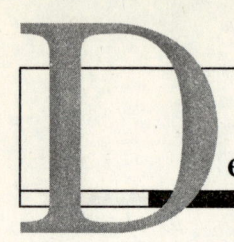
Design perfect city
设计理想城市

来，当城市化达到一个平衡状态的时候，城乡结合部所有的乡镇企业、工矿仓储区均应该早已不存在，而只留有城市居民区和近郊农业区，以及土地整治、城乡一体化后的新村落。这样的区域其城市基础设施配套与城中一样，并有着后花园似的生态农业相伴，应该具有特别价值，可以作为中层民众或少量高层民众的居住首选地，想必房价可能比城市普通区域要高许多，非常适合打造且城且乡、别具特色的高档次混合型社区。当然，如果在超大城市里，尤其在千万人以上的超大城市里，由于这样的城边距市心较远，公交相对有些延误，且这些地方又有农村新村落相伴，想必由于市场价值的原因，这些农村新村落必将成为城市大量年轻新移民的暂时居住首选租借地。如果有很好的社区管理，这种农村新村落的底层民众，与周边高档次的综合性社区一起相互混合，互为补充，必将成为另一种有趣的社会场景。一个已将乡镇企业移往县城或工业区，一个将大城市的工业区、仓储区移往工业卫星城的大城市或超大城市的城乡结合部，将肯定是干净的、绿色的、极具魅力的。

城市与乡村，主城区与卫星城，工业经济区与城市，各自依据自然地理性质安排好后，就可以真正去安排最终极其需要的城市生活了。值得注意的是，对于任何城市与乡村来说，经济的安排对于生活质量的保障都是首要的，也就是说农业对于乡村，工矿业对于城市的安排极其重要。在当今的中国，由于城市与工业区的关系非常不合理，没有一个合理的城镇系统的工业安排，没有一个合理的城市群的工业安排，且大量的工业区的建设指标太过宽松、太过所谓花园式工业区化，以致让宝贵的城市面积

> 在一个城市建设如火如荼，房地产行业极其疯狂，城市建设规模快达到最终规模的一大半，而城市建设方式均以《雅典宪章》为准绳的当下中国，看到优秀的思想在现实中严重缺位的景况，看到城市新区满目皆是……

第三篇 规划、设计篇

被这类工矿区、仓储区大量占据。其实，对于超大城市来说，工业以高新技术为主，工业区的建设强度可以与多层居住区相似，大型仓储区亦可采用多层建筑建设指标。至于大量普通工矿业由于应该向地级市的大城市的卫星城安排，其建设指标完全可以在传统基础上加以紧缩。而以地方食品加工业、矿产业为主要工业发展方向的县级市和县城，也应将工业区安排在城边的卫星镇，建设强度也需加以紧缩。想必，一个紧缩、绿色的工业区的发展方向将很快在中国出现。但愿在未来的城市生活中，这些工业区、仓储区不再让我们感到烦恼！

由于在社会结构部分已将工业区与各类城镇的配置进行过探讨，在此不再赘述。不过，对于全世界搞城市规划的专业人士来说，大多数人的内心，本质上对城市的工业区的经济安排应该说常常是非常困惑的。因为古典时期，所有的传统城市其经济的角色最多也就是作坊性质的，不具有现代工业、现代物流业、现代交通运输业这么大的动静。因而那时的城市能够很轻易地就将政治、文化、生活安排得非常舒适——作坊的物质性影响不太令人难受。那时的城是非常迷人。然而今天的城市已经不可能如此了。但大多数专业规划师、专业建筑师们的内心，却有着非常美好的人文、审美追求，因而难免不会困惑。但是大多数经济学家、社会学家以及政府人士却不会产生这样的小资的困惑，在他们这些人的内心里，城市就是一大块强大的物质、资源和难以控制的社会群落！

Design perfect city
设计理想城市

2、城市的分区和城市之心

一个城市因地貌的原因分割为山上、山下、河边、湖边、海边等等，被地理的原因分割为东、南、西、北、上风上水、下风下水等，被使用属性的原因分割为居住区、商业区、行政区、文化教育区、工业区、仓储区、游乐区、商住混合区等，被时间、历史分割为老城区、新城区、新、旧混合区等，被不同体量的建筑物分割为多层区、高层区、低层区、稀疏区、密集区等，被金钱、权力、地位分割为富人区、穷人区、中产阶级区等，被文化、人种、生活方式分割为亚裔区、白人区、老陕区、老广区等等。

所有这些，依据场所理论均是有着不同特性，能形成特别不同场所感的区域。K·林奇在他的《城市意象》一书中所提出的区域、通道、边际、节点和地标的城市设计五大要素中，其中的前3个均为城市分区的主要物质元素。由这些丰富多彩的不同分区原因所组成的城市是非常非常复杂而多姿多彩的。而《雅典宪章》将城市功能主要分为工作、居住、交通、游憩四大部分，虽然正确，但确实很容易把人们对城市的理解搞得简单化，以致让居于其中的人们最终不得不在以上如此多的分区原因的混乱组合中展现出极多的混乱和不和谐。

古典时期，城市作为地域中心，其政治军事中心的作用相当强大，所谓一方镇守、一方城守，便是这个区域的最后据守点。理所当然的，这样的地方也便是这个区域管理统治者和有钱人的居留地，是他们的城，他们可以称为城民。而大量从事手工作

> 在一个城市建设如火如荼，房地产行业极其疯狂，城市建设规模快达到最终规模的一大半，而城市建设方式均以《雅典宪章》为准绳的当下中国，看到优秀的思想在现实中严重缺位的景况，看到城市新区满目皆是……

第三篇 规划、设计篇

坊和生活服务行业的市民，是依附于城而从事于区域市场和城内市场的下层民众，他们应该称为市民。这便是为什么在中国的北京会在有宫城、皇城、内城、外城的原因。而大量的市民便居住在内、外城，贵族和很有钱的人一般住在皇城，最高层的皇帝当然便住在宫城。一般而言，全世界所有的城市之心都是权势阶层的居留地和管理仪式之地，至今如此。而当下的所谓超高超大的CBD其实也是管理大量企业的上层之域。是由于现代工业和现代农业的发展，大量的民众才得以离开农村进入城市，从而过上一种群居性的城市生活。而到了今天，全世界的人们普遍认为，这种能够非常方便地相互提供各种服务的城市生活，就是人们一生中幸福生活的最重要的最好的生活方式。也正是这样的原因，全世界所有的城市也就在近代的100多年里迅速汇聚了各个国家的广大民众，从而让掌权、掌钱的阶层成为城市阶层里的极少部分。但是只要人类有社会，这少部分人便始终占据着城市之心。即便是民主选举出来的权力阶层，他们仍是社会的极少部分。不过这样的城市之心在当今的世界里已分为行政管理中心和经济管理中心了。至于军事管理之心，由于城市在现代已没有了城守之用，其中心自然也就可以随意了。而所谓的CBD，便基本是这个区域的经济管理中心。占绝大多数的大量的普通市民，由于他们普遍属于社会的下层、底层，因而他们的居住和工作之地基本处于混合状态，从而形成城市大量的混合性社区。早期大量的城市市民街坊均如此。而正是这种混合性街区，却是这个城市最富人性的地方。那林林总总的大量城市文化基本产生于大量的这样的城市区域，从而让据守于城市之心的上层们有

Design perfect city
设计理想城市

着一种孤冷。至今,什么政府大楼也好、国会大厦也好、金融中心也好,其景况确实如此。不过,由于普通民众占据大多数,他们在精神上和物质上也必然会对城市之心产生要求。这便是城市之心的民众广场、商业中心和文化中心。广场作为普通市民的交流厅;商业中心便作为市民们的消费厅,也兼具交流场所;属于文化中心的教堂、寺庙、音乐厅、博物馆和美术馆等,由于其对所有国民的共性且极具精神层面的总领价值,因而也绝对属于城市之心的重要部分。

一座城市的城市之心,由于在地理地貌、历史渊源、人流交汇、精神文化层面、物质空间层面具有这座城市的最高价值,因而这样的城市之心具有行政中心、金融中心(经济管理中心)、文化中心、商业中心的性质就绝对属于必然。最主要的是它综合了这座城市上、中、下、底各阶层的精神需求,而物质方面的功用相对次要。这便是在规划设计任何城市的这个区域极需搞清楚的地方。而所有不注重城市之心在城市市民中极具精神要求的设想,均只能将这座城市劣质化,以致最终让这座城市不具有统领性,缺乏主题。

本质而言,当今的任何城市都是在围绕各自的城市之心而发展成形起来的,从而有了当今各个城市的中心区、居住区、工业区、文教区的等等型制。城市之心之所以对于整个城市极其重要还在于大多数的城市之心本身也是这座城市的老城区,它承载着这座城市的历史和传统文脉。非常可惜的是,在当今的中国能将老城区较好保留的城市之心已经少得可怜了。而大量的城市均将各自的城市之心经常搞得像新建城市巴西利亚一样,虽

> 在一个城市建设如火如荼,房地产行业极其疯狂,城市建设规模快达到最终规模的一大半,而城市建设方式均以《雅典宪章》为准绳的当下中国,看到优秀的思想在现实中严重缺位的景况,看到城市新区满目皆是……

第三篇 规划、设计篇

有大广场、国会大厅、CBD办公区域,却毫无人性。为什么呢?因为大多数这样的城市之心缺少了对城市多数民众的精神和物质考量,也就是缺少了集聚人气的商业中心和文化中心。当然,一个没有老城区的城市之心想要在人文气质上汇聚人气即便做了些商业中心和文化中心的表面文章,而不注重保留有传统居住文化的居住区对城市之心具有的巨大影响力,也同样难以构建好优秀的城市之心。这便是当今大多数中国城市在拆除掉老城区后,构建出大体量、大块头、大尺度行政中心、CBD中心、文化中心、商业中心的城市之心后的巨大缺陷。

由于大多数城市规划书籍均已将城市的分区写得相当合理,在此就不再多言。不过需要特别提供出建议的是,对于任何城市来说,当下各自工业区的安排特别需要重新考虑。正因为此问题极重要前面对此已有很多述说。其实,只要工业与城市的关系安排好以后,任何城市就完全有希望规划设计好。一座连工业区都没安排好的城市,随便怎么搞,基本都是没有希望的。在此基础上,构建好城市之心,对居住区提出人性化的构建设想,组织好城市交通,那么任何城市就都有了极好的未来。

3、关于老城区建设和城市之心

世界上绝大部分城市都是历经几百上千年在很古老的群落聚集点上形成的。因此,老城区对于城市文明来说是一种共性。一般而言,人们把工业文明之前的城区称为老城。在当今的中

Design perfect city
设计理想城市

国,这样的老城基本只占据着整个城市面积的5%~10%,有的还更少。可以想象,一个这么少的老城区面积却承载着一座城市的灵魂和最高价值,这样的地方何等的重要。而仅仅就在20多年以前,喜欢革命和不破不立的中国人却大量地将这些珍宝般的老城区统统消灭掉。如今回过头来看,对这5%左右城区的面积何必大动干戈呢?看来缺乏战略思维的民族是很容易被表象迷惑的,并且很难积蓄真正的财富。如今面对这空间无序、功能十分混乱的老城区,我们究竟应该以一种什么样的思想来进行构建呢?想必这是一个世界性的难题。但一百多年以前的法国人、荷兰人在这方面却做得比我们好得多。他们在改建、重建、修建的基础上基本保持住了老城区的空间整体和老城区的社会结构。面对今天已面目全非的中国城市的老城区,我们如何站在行政中心、金融中心、商业中心、文化中心的基础上来构建这种极具城市整体精神价值,拥有卓越城市之心的老城区呢?下面逐条提出各种设想:

由于老城区是历经几百上千年的当地城市文明的产物,首先应该保持老城区的城市肌理和道路名称。除开几条穿城而过的城市快速通道以外,所有的道路、街巷应该基本保持原来的尺度和原来的路径形式,不要人为拉直、拓宽。

已被完全拆建的街区,用基本统一连贯的沿街建筑裙楼来恢复街道的整体空间形式,比例以0.6~1.5为宜。尽量恢复街、路的较为齐整的边际线,不要人为乱退距。

所有没有拆建的老街区,均应以原有的街区建筑总平面作为重建总平面方案来进行逐步的重建、修建和改建。这点非常重

> 在一个城市建设如火如荼，房地产行业极其疯狂，城市建设规模快达到最终规模的一大半，而城市建设方式均以《雅典宪章》为准绳的当下中国，看到优秀的思想在现实中严重缺位的景况，看到城市新区满目皆是……

第三篇 规划、设计篇

要！其原有建筑密度和容积率以及建筑尺度基本保持不变。其原有人员应充分保留在原街区，不应破坏原有的社区人员结构。

所有已在老城区修建出的各类重要公共建筑和高层住宅应该可以保留50年，但大量的多层住宅和各类其他次要建筑均可逐步拆除，并按照老城区原有的街道肌理、空间尺度、总平面布局和技术指标逐步重建为高档住宅区或混合性社区或商住混合区。切不可随意搞成单一的商业、旅游区等。从而让老城区有最宝贵的传统居住方式和商业方式，以便恢复这座城市的最高价值，让这座城市具有真正的旅游价值和文化价值。

沿老城区一圈修建一条环状快速通道并与穿城而过的快速通道相通，尽最大可能克制修建穿老城而过的快速通道，消灭任何老城区内的地上立交。

一定要在城市之心修建足够大的市民广场，而不是景观广场。而体现市民价值观和政体价值观的建筑物或构筑物应处在广场的正轴线上。从这个市民广场或广场序列的任意一边可分别进入行政中心区、金融中心区、文化中心区、商业中心区。想必由各个中心区构成的这个城市之心对于超大城市来说起码应该有2~5平方公里吧！而所谓市民广场便是充溢各种吃喝玩乐内容、各种休闲交流内容的平地大总汇。方式方法可以各取其智。最好利用广场周边建筑进行安置。但城市之心的市民广场的空阔性和严肃性需要适当的表达，其他的广场便可随意。

尽最大可能恢复和保留老城区原有的重要节点和重要地标，即便适当拆除个别重要公共建筑或高层住宅或多层新建住宅也应该。

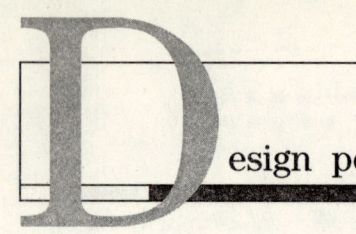

Design perfect city
设计理想城市

将城市之心中的行政中心进行院落式的多层化处理,容积率为1左右。将金融中心在1平方公里的街区里大量高层、超高层式地集中,容积率应该达到8~15。将商业中心用多层高密度(建筑密度最好达到50%)的方式形成数个完整街区,容积率可以为3~5,街宽比为0.5~1。并适当在多层上部安排有小户型居住和各类酒店、旅馆等。将文化中心与城市之心的市民广场结合,形成大片区的空阔地带,容积率只能在0.5左右。让老城区的居住类街区容积率可以考虑为0.8~1.5,建筑密度可以在35%~45%,高度1~3层为主。围绕城市之心的这些内容,进行连贯安排并各自设置街区的小中心。想必这样的城市之心和老城区会极具人文魅力。而一个正常的城市,一旦能形成一个这样的老城区,即便这个老城区只占现今整个城市面积的5%或10%(在未来这个比例还会更小,有可能只有2%~5%)。但这个城市就拥有了最重要的细胞核,城市就有了灵魂。不然的话,就仅仅只是一堆杂乱、离散的建筑群落,非常难以具有文明的价值。

此外,作为大城市、超大城市,由于行政分区的原因,城市被分为了几大块。因此,相应的,这种区一级大片区也存在各自的行政中心、商业中心等等,就如同大县城一样。这样的区级中心,亦便是城市的分中心,其规模相应小些。往下还可分,亦即所谓的街办中心、居委会等。其规模相当于大镇、小镇了。由此,也可以说一个超大城市是由几个大城市、几十个小城市、上百个镇组成的。

在一个城市建设如火如荼,房地产行业极其疯狂,城市建设规模快达到最终规模的一大半,而城市建设方式均以《雅典宪章》为准绳的当下中国,看到优秀的思想在现实中严重缺位的景况,看到城市新区满目皆是……

第三篇 规划、设计篇

4、人性而怡人的居住生活街区

一般而言,被城市的主干道、次干道划分出来的地块应该称为大街区。在中国,这样的大街区对于居住区来说基本在0.5~1平方公里左右。这所谓的主干道、次干道基本都是四车道以上,有专门的自行车道。主干道的自行车道与机动车道之间还应该有专门的绿化带相隔离,且机动车道起码不少于六车道吧!在这样的大街区里,也有着各自的主要道路和能双向行车的街、巷,以及只能单向行车的巷和不能通行机动车的巷。一般而言,这不能行驶机动车的巷便不作为地块划分的因素。从而将大街区的地块划分为许多小块。这由能行驶机动车的道、路、街、巷划分出来的地块对于居住区、商业区和办公区来说其大小和形状是不大相同的。西方人一般将商业区、金融办公区的道路间距缩小,从而加大道路密度,以致他们的金融商业区的地块常常在70~100m见方的大小形状里。从建筑的容积率和人口密度来看的话,非常合理。因为,商业金融区基本是全城人口最集中、密度最大、车流量最大的地方。至于行政区和文化区则基本在大街区的划定中随意分割。

古典时期,世界上各地域的人们由于在房屋朝向、采光通风等物理要求上有着共同的追求,因此,大多数城市的居住区的道路网格有着较多的相似性,从而造成大多数居住地块东西向长,南北向短的情况。只有少数极寒、极冷地区,以及宗教倾向极其猛烈的地方有相当多的不同。极寒地区喜欢日晒,路网南北长、

Design perfect city
设计理想城市

东西短。宗教狂热地区路网向庙堂，城市肌理具有放射性。很多时候，路网东西长、南北短的居住街区其南北的长度一般也就在30m至50m左右，东西长一般可以达到数百米。这样的小街区很适合古典时期小体量住房的房前屋后的布置。无论是中国式的院落式还是西方、西亚人喜欢的独屋式，依据各自前屋后院的方式方法构建出来的街区，最终形成的结果基本都是这种东西数百米、南北数十米的怡人街区。

非常可惜的是，当下的中国，由于绝对信奉《雅典宪章》，绝对信奉"邻里小区"，大量规划设计院毫不进行街区生活的真实怡人思考，毫无怀疑思想，大量的城市的道路网格均基本成了三百米见方的呆板而乏味的方格网状。并且还将原来非常珍贵的老城区的极人性、极怡居的小街区东西长、南北短的道路网格彻底毁坏，统统搞成呆板而乏味的两三百米见方的方格路网，令人发指。这一切的一切均是为了去搞那个所谓的花园式住宅。其实，即便要搞所谓花园式住宅，街区的路网仍然可以是多种多样的。而传统居住街区那东西长、南北短的路网仍可大量复制。至于老城区那极宝贵的路网就更不应该随意拓宽和更改。

一个城市，虽然城市之心非常重要，其有着统领整个城市形态、城市公共功能和城市核心精神的作用。但作为城市，真正能够让市民在这个城市定居下来的却是居住区。而最终能否形成优良的市民文化，能否构建出极具人文特色、地域特色的居家街坊，便在于这座城市居住区从一开始在规划思想和规划技法的选择是否正确上了。当今的中国城市之所以不具有多大人文价值的原因便在于这一规划思想落后，规划技法僵化在各个城市

> 在一个城市建设如火如荼,房地产行业极其疯狂,城市建设规模快达到最终规模的一大半,而城市建设方式均以《雅典宪章》为准绳的当下中国,看到优秀的思想在现实中严重缺位的景况,看到城市新区满目皆是⋯⋯

第三篇 规划、设计篇

居住区大力的拓展和表现所制造出了大批数不尽的劣质的邻里小区和所谓的花园住宅。即便这些所谓的花园式住宅有着健康的间距,大片的绿地,干净而所谓现代或欧式或现代中式的外立面,有着仔细推敲出的讲究而节俭的平面布置,对于构建具有丰富人性的居家社区文化统统无济于事。这便是为什么英国人大卫·路德林写的《营造21世纪的家园》这本书比同样是英国人写的《紧缩城市》这本书要好得多的原因。因为一座城市只要居住区成功了,其市民文化便成熟了,并最终必将构建出好的城市之心和城市精神。其实,19世纪时候的英国人霍华德所提出的"田园城市"的想法,在规模上来说基本跟我们中国当今的一个大街区差不多。想来,如此多的人如此注重这个大街区的构成,实可谓完整的镇、完整的街区对于城市是何等的重要。

在一个被城市主、次干道围合,面积在1平方公里左右的城市地块上,究竟应该如何才能将居于此的民众生活安排得非常惬意、舒适和方便呢?虽然新城市主义提出了以步行、公共交通、自行车为主的混合性社区的理念,但由于当今的中国情况更为复杂,社会更为丰富,因而,现实会有更多有趣的安排。

首先,当下的中国国土紧张,而面临的未城市化人口巨多,因而容积率不可能低。按城市面积算,基本上每平方公里人口数量应该达到2万以上。由于居住区面积基本只占到城市面积的35%左右,且居住大街区内还有街区道路和街区公共建筑,而基本户型以100m²,基本户数以3人为准,因而最后落实可开发住宅的地块其容积率一般应该达到4以上。如此算下来,一个1平方公里左右大街区其居住人口数量应该基本在6万人以上,户

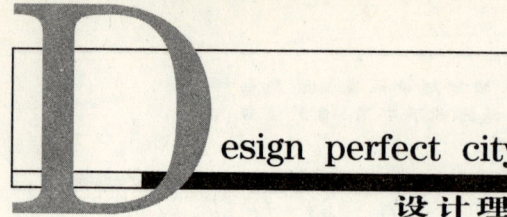

数应该在2万户以上。这样的规模其实远远超过一个一般的镇，基本上像一个小县城了。面对这么一个庞大的小社会，应该如何来安排生活和工作呢？

　　根据前文论述到一个和谐而现实的当下社会应该是上、中、下、底共生的社会结构。因而这个大街区内应该有600户左右，占总户数的3%的富人。他们的住屋应该以连排的低层房屋为主，面积应该在150m^2以上，容积率为1.2左右，停车数为每户1.2个。而中层的户数应该有4000户左右，占总户数的20%。他们的住屋应该以多层的电梯公寓为主，如有可能，还可安排少量的3~4层的多层坡顶房屋，房屋面积100m^2~150m^2为主，容积率2左右，停车数为每户0.7左右。大量的下层户数应该有1万2千户左右，占总户数的60%，其住房应该以高层电梯公寓为主，户均面积应该在100m^2以下至60m^2，容积率应该在5以上，停车数应该户均0.2个左右。至于占少数的底层民众，其户数应该在3000户左右，占总户数的15%。其住房应该建在主、次干道边，以高层内走廊的小户型为主，户型面积从30m^2至60m^2，根据市场进行安排。尤其要考虑修建足够的单身公寓和合租公寓，其容积率也应该达到5以上，户均停车数应该仅仅为0.1m^2左右或更少。上层富人的街应该仿照中国老城区传统街区的型制，以东西长400m左右，南北长50m左右。从而形成极富邻里魅力的街道和每家每户的后花园，街的两端可仿古制作门坊，以便管理。中层的多层房屋的街区也可完全摆脱现在的所谓花园式的街区尺寸，让多层房屋南北朝向两单元一栋平行布置。在两栋山墙之间的地方形成南北小街，这样的街区尺寸便可变成南北

> 在一个城市建设如火如荼，房地产行业极其疯狂，城市建设规模快达到最终规模的一大半，而城市建设方式均以《雅典宪章》为准绳的当下中国，看到优秀的思想在现实中严重缺位的景况，看到城市新区满目皆是……

第三篇 规划、设计篇

400m 左右，东西 100m 左右的样子。再将街两边围墙改为一层左右的小楼屋的话，那街两边一个一个由前后多层住屋形成的居家大院便极富情趣了，似乎有了传统大院住屋的生活方式。这样的大院基本户数也就在 50 户左右吧，物管方面就只需要设置一个看门老头就行了。很有点像上海老石窟门街区的死弄堂。这样的居住生活是否远远好于所谓的花园式住屋呢？而这种南北向的小街的两端同样可以像富人街坊一样，在街口两头设置门坊，极好管理。至于占大多数的下层民众们的高层电梯公寓，其布置的方式既可按照现在 300m 见方地块的花园式布置，也可将这类电梯公寓基本设计成通风良好的板式建筑。从而便于模仿富人街区的样式或中层街区的样式以产生东西长 400m 左右，南北长 200m 左右的街区或东西长 150m 左右，南北长 400m 左右的街区两种。其实，似乎模仿中层人士的街区的第二种更有情趣。因为能够形成以 500 户左右为一个大院落为主基调的 400m 长的南北大街道。而街两边完全可以用矮房代替围墙，从而形成完整的街道形式。至于底层民众们的小户型公寓或廉租房则应该基本布置在交通主、次干道的边上或大街区主要商业街的两边。本质上作为大街区与城市主、次干道的一道屏障以改善大街区的噪音、环境。因而他们难以形成自身的小街区、小街坊，他们的楼内将会有商店、办公、餐饮、娱乐等等内容，以至形成立体式的综合住屋。当然，所有这些街道和街区边际线均可依据各自地貌和设计者的想法做得弯弯曲曲，或宽或窄等等，从而增加社区的自由人性和自然属性。需要重点指出的是临街住宅的底楼房屋应该直接从街道进入，从而消灭临街住宅的围墙。其临街的绿地

Design perfect city
设计理想城市

也就顺便成为底楼房屋的私家花园。于是街道有了充分的传统住屋生活方式。并且所有住宅的临边绿地均应与底层住屋联为一体,减少过量的公共绿地,让住宅区有充分的个体属性,顺便也减少了公共费用。只要方式得当,完全可以做得既有秩序、又极有情趣和极具丰富性。

作为一个类似县城和大镇似的大街区,将会有条主大街,一条次大街,以及数条小道与围合大街区的城市主、次干道相通。一般情况下,大街区的主大街的方向基本是出城和入城的方向。在这条主大街上将布置大量的商业建筑和少量办公、旅馆建筑等,从而形成社区商业大街和商业中心。并在其一侧应该辟有百米见方的街区市民广场。而街区的行政用房和社区文化中心等等应该围绕广场布置。这条主大街的宽度应该不少于4车道,并留有适当宽的自行车道,但不需要用绿化带与机动车道相隔。而两边的人行道起码不小于5m。当然,依据规划指标,这个大街区内还将有中学、小学和很多个幼儿园,并且还将有一个社区公园。而大街区的富人街坊和中层居民的街坊将围绕在它附近。

通过以上的设想,这个大街区的基本形式和内容便有了相当具体的结果。在这个1平方公里左右的街区里,大概上层富人区将占据10公顷用地,亦即150亩左右,占总用地的10%;中层人士的多层电梯住宅将占据24公顷左右,亦即360亩左右,占总用地的24%;下层民众的高层电梯公寓将占据20公顷左右,亦即300亩,占总用地的20%;而底层民众的小户型电梯住房将与许多公建混合在一起,大概占据3公顷左右,亦即50亩地左右就可以了,占总用地的3%。如此算下来,还将剩下43%的土

> 在一个城市建设如火如荼，房地产行业极其疯狂，城市建设规模快达到最终规模的一大半，而城市建设方式均以《雅典宪章》为准绳的当下中国，看到优秀的思想在现实中严重缺位的景况，看到城市新区满目皆是……

第三篇 规划、设计篇

地，亦即近650亩左右来安排道路、广场、中学、小学、幼儿园、公园等等，应该较为充裕。在这么一种居住地块面积的配置和各自容积率的安排下，这个大街区的空间形态其实也就有了一种粗略的总控制。由于上层与中层的街区容积率较低，且占据土地面积相当大。因而这个大街区的空间环境将有着非常好的整体保证。不至于像现在某些性质单一、规模与大街区不相上下的大楼盘，且有着铺天盖地的单一高层电梯公寓，极像一座住人的机器城。

在这座1平方公里的大街区，依据以上对社会上、中、下、底各阶层居住街区的技术指标安排，只要将街区的形式由花园式的方块形改变为街道式的长条形；只要将临街的底层住宅改为由街道经过自家街边花园直接进入；只要将大街区的主、次大街设计得尺度合理、内容丰富、极具城市商业街道的氛围；只要将大街区内的所有道路、街、巷的尺度和走向设计得人性而自然，既有弯曲又不影响车行；只要将所有的人行道设计得既完整、不上下变换、又足够宽，便于商贩摆摊和商家门前消费或住家门前休闲；只要将建筑形式依据本地文化元素进行现代构建而不盲目追求和抄袭异种元素……那么，这个大街区将会形成极好的街区生活和极丰富的街道文化。而不是什么表面为花园生活方式，实则为住人机器文化。至于公共交通和汽车文化的安排，从上、中、下、底各居住车位指标的不同安排可看出，这个大街区的总停车位基本是以平均每户0.3个停车位来计算的。这便强调了公共交通对居民的重要性。至于为什么是以平均每户0.3个停车位，而不是更多和更少，在以后讨论城市交通的时候将会提出设想。

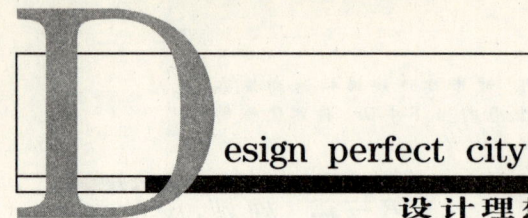
设 计 理 想 城 市

　　当然,即便是依据以上、中、下、底在大街区内的居住土地面积和居住强度指标,还可以进行多种多样的街区构想。如:

　　将上层和中层的居住区混为一体,将建筑间距缩小到0.7~1的比例,建筑密度加大到50%左右。仿照传统老城的型制,全部用街、巷、院落、天井的方式来构筑一个自由而有序的,大概占地近500亩的,主要由底层房屋和少量四层以下的房屋构建出的完整老街区。将下层和底层民众的房屋用花园式居住小区的方式进行安排,建筑密度小于30%,容积率4左右。但所有临街房屋全部取消围墙,用入户花园或临街商业用房进行代替。大街区的其他内容基本不变,想必这样的构建将形成另一种特别的街区空间形态。

　　既然上层和中层喜欢空阔和大花园,干脆将他们的街区完全按公园设计,将建筑密度减小到10%左右,全部采用15层以上的电梯公寓来构建。而将下层和底层的街区建筑密度加大到50%,全部采用多层建筑少量带电梯,以街、巷、院落的方式构建出只有商业街道和居民街、巷的类似老城区的形式,想来也非常的有吸引力。

　　上层富人的街道式连排别墅不变,将中层和下层的居住区混合,建筑密度为40%,容积率为3.5。以带电梯的多层和小高层建筑用东西长、南北短或东西短、南北长的传统街区形式,自由地构筑出街道式的新传统街区。至于底层的小户型公寓和住屋仍让其安排在大街边的外围。想必这样的大街区居住形态也极有人文价值。只要消灭临街围墙,让所有临街的房屋不是商业用房,便是带临街花园的居民用房或办公用房,让大多数绿地成

> 在一个城市建设如火如荼，房地产行业极其疯狂，城市建设规模快达到最终规模的一大半，而城市建设方式均以《雅典宪章》为准绳的当下中国，看到优秀的思想在现实中严重缺位的景况，看到城市新区满目皆是……

第三篇 规划、设计篇

为私家花园。这样构建出来的街坊应该远远好于那些建筑密度小，有着空阔公共绿地的花园式居住区。当然，这样的居住新街坊其道、路、街、巷的尺度是很讲究的，绝不可以盲目乱建大马路。想必大街区最宽的主大街也就四车道，外加不宽的自行车道。而次大街也就双车道加自行车道就够了。至于大量的街基本就是 6m 左右宽能够双向行车单边停车就行了，而大量的巷其实只需要 4.5m，能够单向行车，单边停车就足够了。大量的街边土地主要用于人行道和临街私家花园，并且大量的人行道都不应该超过 5m，其范围应该在 3～5m 之间就合适了。而所有人行道与车行路口交接的地方均应进行平滑连接，不要产生现今城市里上上下下的无尽坎坎，让行人极难受。其实任何城市的地面设计是最重要的，远远超过所谓的建筑形象。因为城市生活 60%以上基本上是地面生活。因此，任何城市的地面设计一定要像室内装修设计一样，非常讲究才行。不要像当今大多数中国的城市，在审美、在行为方式、在施工质量、在耐用强度上均极其缺乏优质的追求，仅仅是胡乱凑合罢了。

由于国情的不同，区域经济发展水平和区域整体资源情况的不同，构建人性而怡人的居住生活街区应该是有许许多多不同设想的。从怡人的街区大小到街区路网的构建形态到街区所有道路边际的使用方式，以及街区居民对住屋内容的不同选择等等，均有着相当多的不同选择。然而对于舒适的城市生活这一年代旷久的人类共同的经验和要求，有些基本内容的肯定都是不容置疑的。这便是：

尺度怡人且有着连贯邻居的优美街道。

设计理想城市

铺装舒适、适合步行的人行道和车行道。
热闹而内容丰富的街区商业大街和街区广场。
人性而自由的街区路网和相当数量的街道公共活动场所。
随处可见的街边私家花园或宅前空地。
一块足够大的传统低层街道式的住屋片区。
品种较为统一的街区落叶行道树。
形式讲究又极富当地人文元素和现代技术元素的建筑形象。
一般而言,任何居住街区只要满足了以上这些要求,不管穷也好、富也好,均能构建出人性而怡人的居住生活场所。无需按照K·林奇的城市设计的五元素也行!

5、快乐的商业中心

今天的我们生活在城市里,很多时候已经意识不到城市二字的意思对于当今的文明现实来说只有了一半的内容,其"城"的内容由于现代工业文明的防御的改变已没有了任何踪影,充其量只有着一种社会性的心理精神堡垒的意义。而其"市"的内容却从古至今一直如此,且有着相当大的扩展。并且本质上这种"市"的内质已经越来越具有休闲、娱乐、文化、教育交流等等众多的内容和意蕴。从小至几千人的乡镇到大至上千万人的超大城市,似乎这种极具生活内容的"市"基本代表着这个城市的生命象征。很多时候,人们来到一座城市如果不到这个城市的真正有代表性的"市"上一逛的话,似乎根本就没有来过这个城市。

> 在一个城市建设如火如荼,房地产行业极其疯狂,城市建设规模快达到最终规模的一大半,而城市建设方式均以《雅典宪章》为准绳的当下中国,看到优秀的思想在现实中严重缺位的景况,看到城市新区满目皆是……

第三篇 规划、设计篇

想来一座城市的商业中心是何等的重要,一个乡镇的集市是何等重要!

虽然城市对于大多数普通民众来说,其工作和居住内容是第一位的,就像《雅典宪章》所总结的那样。然而一座没有休闲、娱乐,没有游逛、餐饮、没有熙熙攘攘、纷纭复杂商业内容的城市又怎么能让民众们定居下来呢?虽然《雅典宪章》所总结的城市四大主要功能中有游憩的内容,但其所指似乎更多的是公园和运动场所。而人类城市文明从古至今在集市文化上,不管东方还是西方,从来都是一种内容相当丰富的景象。从古罗马、古希腊神庙礼拜与自由市场的结合到中国文化赶集、赶庙会的雷同,这所谓的集市文化其实本质上便是城堡民众的例行大聚会、大交流日,亦便是高兴、欢乐之日。从中国北宋著名的《清明上河图》便可看出这种芸芸众生在都城集市上熙熙攘攘、忙忙碌碌却又兴高采烈,各得其乐的快乐场景是何等的美好。而对当时文明的描绘如果仅仅落笔于居住区、官衙区,想必是表达不了什么历史文化性的。

人类从自己的文明启始便借助各自地域中心市镇的"市"以交换物品维持生计从而产生意义重大的各自交流,从而产生文化、产生文明,这其中"市"让人类聚集的作用是多么的根本。当然,宗教和战争也同样能够让地域内的民众聚集起来。这便是为什么在日常生活中,庙堂最终会跟市场结合在一起!而在中国,逛庙会就如同今天去购物中心,并且比当下的逛商业中心的内容要丰富得多。而《雅典宪章》之后的芒福德的《城市发展史》与《马丘比丘宪章》所认识的城市文明中文化与交流的重要意义想

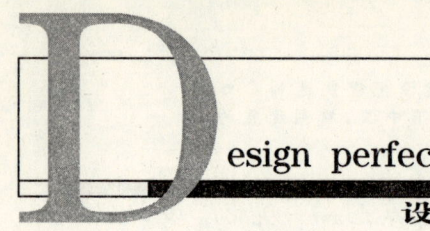

Design perfect city
设计理想城市

必基本来源于对城市集市文化、商业文化将人类进行聚集和交混的深刻认识。这便是后者在对城市理解和把握上比《雅典宪章》更全面、更完整、更人性的地方。不过,当今中国的城市商业文化却由于明显追寻着《雅典宪章》的功能定义,而基本丧失了几千年城市文明中历来保有的丰富生活内容、文化内容、民俗内容的大一统,变得相当的片面而缺乏文脉传承。因此,当今城市里的人们对自身所具有的"城民"、"居民"、"市民"以及"人民"、"公民"等等含义,应该分别清楚。而城市设计者就更是要搞清楚城市功能内含的丰富人文意义。不然的话,城市就非常容易搞得乏味而苍白。

如此看来,前文在论述城市之心时所谈论的行政中心、金融CBD中心、商业中心和文化中心这几大内容时而特别强调的商业中心所具有的大众的精神性质对于一座城市来说是多么的重要。虽然对于社会的上层来说,行政中心和金融CBD中心有着无与伦比的统领作用。但对于一个整体的社会来说,普众性的精神实质却是整个城市文化存在的基础。这便是为什么老城区建设对于城市之心所具有的致命的意义的原因。因为一座脱离了民众民俗生活的城市的商业中心是不完整且没有生命力的。

站在这样一种视角来看待任何一座城市的商业中心,其理想的构建首先应该是处在老城区的城市之心旁或本身便是城市之心的一部分。对于大城市来说,它应该有二、三平方公里大,它应该与这座城市的民俗的、现代的文化中心融合为一体。其内容应该包含庙堂、会馆、戏院、电影院、剧院、音乐厅、画院、博物馆、书店、图书馆、中国园林以及大学等等。并且其内还应该有

> 在一个城市建设如火如荼,房地产行业极其疯狂,城市建设规模快达到最终规模的一大半,而城市建设方式均以《雅典宪章》为准绳的当下中国,看到优秀的思想在现实中严重缺位的景况,看到城市新区满目皆是……

第三篇 规划、设计篇

相当多的传统居民和传统居民街、巷、院落。因为,这种传统居民和传统居民街、巷本身便是最伟大的文化。在此基础上便可以按照当今的城市生活内容的需要来安排丰富而复杂的商业内容。

依据这么一种普众的快乐精神在城市之心构建出与文化中心相融的商业中心,其内容的丰富首先表现在街区路网上。由于这样的商业中心既有大量的现代购物中心,又要有相当数量的中、小型商店,并且还要有一定规模的传统商业街区和商住街区。此外,还要安排相当数量的第三产业员工们的居住内容,以及中、小型旅馆、酒店等等。因此,针对不同的内容,街区、路网和建设强度将各不相同,但又要有相互的协调。

对于一个大城市来说,首先,传统的商业街区和商住街区应该以东西长 300~500m、南北长 50m 左右的地块大小来进行构建。容积率和建筑密度完全按照传统方式,大概以 1% 左右和 60% 左右为准。街区起码一样两个以上。其中,在传统商业街区内还应该安排有传统戏院和小庙宇,以及什么传统画院、餐饮、茶房等等。建筑形式采用传统型制,但大多以一、二层的街、巷、院落式为主。街区总平面应有自由生长的形态,街道的宽度有宽有窄,其中部还应该有局部放大,以形成街区小广场。檐高和街宽比,商业街为 1.2 左右,居住街可以小于 1。这几条街应有数条小巷相通。整个传统商业和商住街区加起来最起码大概应该有 500m×300m 大,基本在 200 亩以上吧!对于一个大城市的城市之心的商业中心来说,有这么几百亩的传统老商业、商住街区,实在是最起码的要求。相当于城市文化中那少得可怜的元细胞。

Design perfect city
设计理想城市

  在这个传统商业、商住街区的一边将依据现在商业物流的方式来构建一种有大量多层建筑和少量高层组成的所谓现代新潮的商业街区。这个街区的规模对于大城市来说。应该在1平方公里以上。其内有大型购物中心、各类名牌精品店、各类时髦餐饮、娱乐内容,相当数量的小户型公寓和小酒店等等。考虑到人流的巨大,这样的街区,其地块的划分应该主要以100m左右见方为主。建筑高与街宽比应该在0.6左右就行了。因为大量一、二、三层的用房无需足够的日照,而四层以上的住宅或办公或旅馆却又具有足够的日照间距。这种现代商业街区的容积率完全可以达到4左右,其建筑密度做到50%以上才行。不然,没有足够的密度就难以产生足够的商业氛围。当下中国的很多城市常常将这类商业大街做得过于空阔是绝对错误的。此外,在这个商业街区内还将安置有城市商业广场和相当数量的小广场。其街道的肌理基本以直线或浅折线或浅弧线为主,少量的放射形也应该有相当的魅力。考虑到商业街区夜间的人气问题,因此,一定要有足够数量的年青居民。大概公寓面积占整个商业街区面积的20%也不为过吧!至于这个现代商业街区的建筑形式,想必以一种具有相当抽象传统意味的非常现代的折中主义风格应该是比较妥当的。非常需要注意的是,所有的地面设计一定要非常讲究,非常具有休闲街道和休闲广场的意蕴。想必,大量的城市设计和建筑设计的书中已有了很多的好想法。在此就不繁言。

  在传统商住街边的另一边应该安排这座城市的文化中心与之相连。其间不应该用城市道路而应该用城市广场或城市步行道与之相隔,与传统商住街区离得最近的应该是文化中心的电

> 在一个城市建设如火如荼,房地产行业极其疯狂,城市建设规模快达到最终规模的一大半,而城市建设方式均以《雅典宪章》为准绳的当下中国,看到优秀的思想在现实中严重缺位的景况,看到城市新区满目皆是……

第三篇 规划、设计篇

影院、剧院、博物馆、传统美术馆等。最好有一座传统的中式园林居于其中,且兼作商业中心和文化中心之间的小公园。而比较抽象的音乐厅、现代美术馆或体育馆、运动场等则离之较远而与城市之心的中心广场靠拢了。这个文化中心的容积率和建筑密度将肯定是相当低的。从而与最低的城市中心广场产生一种很好的过度。

人们来到城市是为了追求幸福快乐的生活,有一份稳定的工作和一处固定的住所是生存的基本保障。而真正幸福、快乐的生活却需要这个城市提供足够的吃、喝、玩、乐的生活场所、足够的文化交流场所。这样的快乐生活内容看来从古至今均需要这座城市构建好自己的商业、文化中心。虽然,大量居住街区里都会配置相应的商业、生活、文化、娱乐内容,但作为一座城市,一个相当集中的能满足全城人民乃至整个地域的民众来进行消费和休闲,能够寻找到各种乐子的商业中心却是极其重要的。本质上来说,对于绝大多数普通民众而言,每年每月每一天的高兴、快乐便是自己最大的生活追求。也同时代表了巨大多数民众们的内心精神面貌,最终也就形成了这座城市的精神气质。这便是为什么说商业中心在一座城市的城市之心中是代表普通民众的精神追求的原因。

如此看来,"人民"这个词汇其主要的立场想必是站在西方民主自由的基础上,从人性的角度来看任何民众。

而"公民"这个词汇看来似乎是站在一个国家的法律规章制度的角度来看待每一位拥有这一资格的普通的民众。

至于"城民",在当今的时代想必已经没有庇护的意义了,大

设计理想城市

多时候,其意义应该主要是某一城市的地域属性吧!

而到处存在的"居民"二字,一看便知,其所指也就是居于此地,或居于某地的没有资格需求的普通民众吧!

在如此多的各类"之民"的内涵中,现在看来,对于普通老百姓来说,能够成为一座城市的"市民",其内含似乎有着大量跟具体愉快生活内容相连的重要意义。而城市管理者和城市规划者们能否让每一座城市的市民都能够真正享受到"市民"的快乐生活的内容配置,想必,不是那么容易的事。因此,对于任何城市的管理者和规划者来说,城市之心中的商业中心的建设和安排是远远超过行政中心、CBD金融中心的。而当今的中国城市们对商业中心与文化中心的共同打造及其内含的完整文化配置实应是每座城市的精神课题。而处于上层的行政中心和CBD金融中心由于需要追求高端的纯粹,且大多数规模基本小于1平方公里,因而功能单一的打造似乎更有魅力,也更符上层人士们的内心追求。即便移出城市之心,只要城市之心有强大的商业中心和文化中心,也不会太影响城市的整体质量。

而一种追求世俗文化占主要地位的城市规划是否可以成为另一种主打方向呢!

在一个城市建设如火如荼，房地产行业极其疯狂，城市建设规模快达到最终规模的一大半，而城市建设方式均以《雅典宪章》为准绳的当下中国，看到优秀的思想在现实中严重缺位的景况，看到城市新区满目皆是……

第三篇 规划、设计篇

6、关于"道"、"路"和城市交通

世界上现今的城市基本上都被城市中的主干道、次干道、路、街、巷交通网络系统将整个城市地块划分成大小不一的基本形状规整的一块块，以便让大量的机动车在城市中穿行。这样的城市地图似乎是天经地义的。其实，大多数时候的古典城市总平面是没有如此规整的，其城市的路、街、巷、广场系统由于有着一种自由生长的肌理状态和宽、窄不一的复杂变化。因而，古典时期的城市交通系统对于整个城市形态来说，只是这个极其整体的城市里的一些肌理自然的大小裂缝，没有当今这种所谓现代城市的极强烈、极具有分裂作用的规整方格交通网格。这便是古典时期的城市，其整体城市形态极其完整的原因，因为道路没有将城市切割成极其明显的豆腐块。想来，汽车文明对我们人类的城市文明的影响是多么多么的大！而当下的城市规划思想要想获得古典城市时候那种有序的复杂形态，看来是基本不可能了！这便是为什么本书非常强调在当今城市道路网络划分下的大街区的设计对于现今的城市文明极其重要的原因。因为一个功能混合、社会结构完整的街区还有那么一点点能够保留住有序复杂性的可能！而这种所谓的有序复杂性，在本人看来，基本应该是自然人性在城市文明中的绝对的象征。没有了它，所有的城市文明就应该只仅仅属于机械文明的层次，而不具有人类文明的生物种性。大家都很清楚。这两种城市文明的巨大差异在那里，而这两种城市文明对我们人类未来的影响又是会怎样的不同！

Design perfect city
设计理想城市

  因此,站在一种当下城市干道系统有着分割城市交流、分割社区文化、分割居民交流来往、分割城市功能的角度而不仅仅站在城市干道系统是城市的大动脉,是城市正常运作的最重要的功能系统的角度来看待我们当今的城市的话,在规划设计城市的道路、街、巷、广场时我们就能够根据其性质的不同而有着较为清晰而周详的安排。

  在当今的中国城市文明中,汽车的发展完全体现在当下的城市干道设计上,并且在未来的50年看来难以改变。这所谓的道亦便是城市的主干道和次干道,基本以车行为主,起码四车道以上,有着专门的自行车道和人行道。一个城市的物流和人流基本就依赖着这个干道系统进行着城内街区范围间和城内与城外地域之间的交流和交换。一个看似完整的城市,本质上便被这样的干道系统分割成大小不一、形状不一的块状,亦便是各种大街区。一般而言,被这种城市干道系统划分出来的街区,其内部虽然也有着路、街、巷的分割,但由于交通流量的相对大幅减少以及交通流速的大幅下降,因而街区内相对能够成为一个整体。而大街区与大街区之间却由于干道内的交通巨量的迅速不变,因而有着一种强大的汽车流的分割,从而相对有着某种隔离。考虑到一个大街区的规模性,当下的中国城市其主、次干道的距离间隔基本在500m至1公里多的范围,亦便是最小的大街区也基本在0.5平方公里左右。其实,依据当下中国城市人口的密度安排,以及大街区社会生活的丰富性需求。一般而言,让各条主、次干道的间距达到1公里左右,似乎更能形成好城市大街区系统。亦便是大量的居住街区基本都能达到1平方公里左右。其街

> 在一个城市建设如火如荼,房地产行业极其疯狂,城市建设规模快达到最终规模的一大半,而城市建设方式均以《雅典宪章》为准绳的当下中国,看到优秀的思想在现实中严重缺位的景况,看到城市新区满目皆是……

第三篇 规划、设计篇

区人口能够达到六、七万以上,相当于一座小县城。有利于形成完整的城市街区内容和相当复杂有趣的内部结构。

这种以1公里左右间距为主的城市干道系统非常适合居住区,而在遇到商业中心、金融中心时,便可在两条干道之间再加一、二条,在遇到文教区时,又可减少一、二条。只不过,从一个城市的理想交通状况来看的话,一个城市的干道系统最好是全立交的,或者最起码其主干道应该是全立交的,其次干道可以依据发展情况再变。

当下的中国城市中,这干道系统非常大的问题是道路两边的功能安排。由于噪音大、灰尘大、污染大,这干道系统两边应该杜绝普通住宅及以上的住屋内容安排。并且在干道两边要设置30~50m宽的绿带以减轻对各类建筑的干扰。同时,也便于将干道两边的人行道设计得舒适一些。考虑到所有干道两边间距的空阔,因此,所有干道两边的建筑其临路一边均应设计成商业用房以形成有着一定商业人气的大道,而不要让这类干道成为只有汽车快速穿行的城市边缘地带。当下,很多这样的城市干道两边由于有着过多的围墙,而成为夜晚的非安全地带,有着相当非城市的感觉。

"路"的概念在城市中应该来源于马路,它应该是古典时期城市中的主干道。只不过,由于工业文明的发展,跑马车的路上行驶的已是汽车,于是在中国大量的马路被拓宽以后便成为城市干道。即便很多这样的城市干道虽然保留着路的名称,但由于原来有着悠久人文历史和人性自由肌理空间的路的内容已经完全改变,因而已不具备路的实质了。

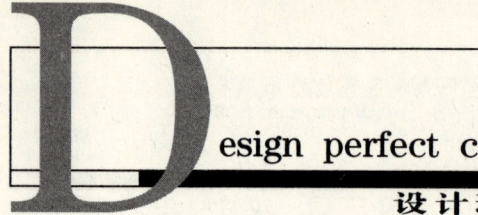

设计理想城市

　　从一座城市的路面交通分析来看的话，城市的主、次干道起着一个城市交通的骨架作用，这个干道系统所要解决的是大街区之间的交通来往和城市与城外的交通来往问题。而比干道低一个级别的路，本质上来说，主要解决的是大街区内部的交通问题。它的设计基本以两车道为主，街区主大街可适当加宽，有兼作路边临时停车的自行车道就大致可以满足一个1平方公里大街区的行车要求。其宽度一般而言，在9～12m就足够了，两边再辅以3～5m宽的人行道，其空间宽度便有了12～18m的距离，很适合做以多层为主的传统商业马路。对于一个居住大街区来说，其实纵横只需要二、三条就可以了，简单一点的，也就只需要纵一条、横一条也就可以满足需求。一般而言，一个大街区在机动车行驶方面应该只让其主路与城市干道系统进行完全十字连接，剩下的路、街、巷与干道系统的连接均应是丁字形连接，亦便是只能右转弯的连接。如果能将大街区内所有与城市干道连接的路口均设计为只能右转弯的连接，那就更好了。至于非居住性质的大街区，其内部的路、街、巷的设置便依据其各自的功能需要进行增减，但与城市干道系统的连接均应与居住街区一致。相临大街区之间的连接在机动车方面，主要依靠城市干道系统，在人行与非机动车方面则可依据一定的距离进行连接，宁可让干道系统高架或下地，也不能让行人上天桥。

　　当今的世界，似乎任何城市的交通问题均是令人头痛的事。其实任何城市只要构建好城市干道系统，建设好足够的公共交通，并控制好城市户均机动车系数，这样的问题应该是很好解决的。而当今的中国，在制定一个城市最大机动车保有量的问题上

> 在一个城市建设如火如荼,房地产行业极其疯狂,城市建设规模快达到最终规模的一大半,而城市建设方式均以《雅典宪章》为准绳的当下中国,看到优秀的思想在现实中严重缺位的景况,看到城市新区满目皆是……

第三篇 规划、设计篇

却有着相当的迷惑和混乱。这从大量的居住楼盘的户均停车位的数量都可以看出来。依据当下全世界对汽车文化的重新审视和对人类发展的可持续性追求来看的话,本书通过一定的城市道路计算,认为任何中国城市其最大的机动车保有量应该以户均0.3个停车位系数为准,亦便是一个120万人口,40万户的城市,其最大机动车保有量应该就是12万辆左右就足够了。这样的话,在设计居住区时就能有一个合理的控制指标,而不至于将这个指标定得太高,而在浪费大量的城市资源和居住区资源之后,却让城市仍然非常拥堵。为什么呢?因为一个城市行车堵不堵主要依据城市干道面积数量和机动车最大保有量两个数字来决定。即便你城市停车位搞得再多,也可能要堵车。下面以一个120平方公里,240万人口的城市来进行解释:

依据中国城市大多数规划指标来看的话,一个城市的干道系统基本占据城市面积的10%左右,亦便是12平方公里。其中人行道占去1/3左右,亦便剩下8平方公里左右,换算成六车道20m宽的道路便是400000m长。当一个城市处于交通高峰时,其干道上基本1/4的面积停满了车就让人非常难受。以停车间距8m计算,以上400000m长的六车道城市干道,基本上最大能够拥堵的停车数便是75000辆。一般而言,这个时候干道上的车占据城市车辆总数的1/3左右,因为大量的路、街、巷基本占据1/3,而另外的1/3应该是没有出行,停在车库或路边或停车场。亦便是交通拥堵高峰时刻,出行量占据城市机动车拥有量的2/3,此数量应该相当高。按75000辆占据城市机动车保有量的1/3推算,那么这个城市机动车最大保有量应该便是24万辆左

Design perfect city
设计理想城市

右。按每户3人计算，240万人口的城市其总户数是80万户。这样算下来这户均拥有机动车辆系数便是0.3左右。这个0.3的系数非常重要，它对于制定居住区的停车位，办公区、商业区的停车位等等，能够提供最佳、最可持续、最不浪费的指导。不至于将停车位、停车场的面积做得过多、过大而浪费土地、浪费资源。其实，仔细统计中国当今城市的面积，以及总户数机动车中保有量的话，大家将会发现那些交通高峰时刻已经相当堵车的城市，其机动车的保有量已经基本达到城市总户数的0.3啦！一般不能超过户均0.5辆，不信，可以去做做调查。

　　道和路在当下的中国，现今非常需要解决好的还有另一个非常重要的问题，那便是从城市设计的角度，站在一个完整城市空间通道和适人社会空间场所的角度，来规划设计好每一条干道、每一条路。让他们都成为道路空间完整、不断裂，有着传统商业大街、商业大道整体连贯街道建筑物的大马路。让他们既是城市交通干道，同时也是商业人气十足的消费、娱乐大街，而不能成为一个表面繁忙，实质冷清的纯交通干道。这一点非常重要！在这样的条件下，便应该要求道路两边的人行道在被许多建筑出入口打断的地方，要连贯，不能出现路坎。而所有建筑项目出入口的大门应该设计成过街楼式的建筑，而所有临道路的围墙均应消灭，而设计成商业用房。而道、路两边连贯建筑的高度与路宽的比例应该不大于1.5为宜。亦便是不能太宽，才能有好的大街空间效果，这些要求在大量的城市设计中均有了很多好的设想，在此就不再多叙！

在一个城市建设如火如荼,房地产行业极其疯狂,城市建设规模快达到最终规模的一大半,而城市建设方式均以《雅典宪章》为准绳的当下中国,看到优秀的思想在现实中严重缺位的景况,看到城市新区满目皆是……

第三篇 规划、设计篇

7、关于"街"、"巷"

按理说,一座没有"街道"和"小巷"的城市应该谈不上成为真正的城市,亦便是不具备有充分人性、充足邻里关系、充足的有序复杂性的城市。当今中国的大多数城市真正能够有街道文化、有小巷文化的已经越来越少了。由于向美国学习,一切以机动车为执行标准,城市里大量的街和巷已成为了大马路和城市干道,真正能够称得上"街"和"巷"的地方已少得可怜。当前大量的业内、业外人士虽然竭力呼吁恢复城市人性文明。然而,除了推一推传统复古外,却似乎没有什么高招。因为中国城市化的土地现状让他们的大量呼吁似乎非常苍白无力,这只能怪他们对城市缺乏了解,对未来缺乏真正有用的技法。其实,在当今中国城镇用地高密度高容积率的条件下,只要方法得当,是完全可以构建城市街、巷空间和部分恢复城市街、巷生活方式和生活文化的。在前面居住生活街区的设想中,本书已经建议将多层建筑、高层建筑的山墙相对的数米和十数米的空置地带两边修建低矮裙房,从而构建街道、构建小巷。亦便是将街区小地块以南北长、东西短的方式进行划分,这样的方式是极其可行的。至于低层建筑就更容易形成街巷。而正面相对的多层建筑,只要下面有底层的裙房,也极好形成街巷。而构建街巷空间最重要的一点却是在当今城市规划指标体系中需要对建筑密度这一项进行适当的修正。其实,作为政府来说,主要是控制容积率和日照退距,而适当减小绿化率,增加覆盖率是完全不影响大局的,并且

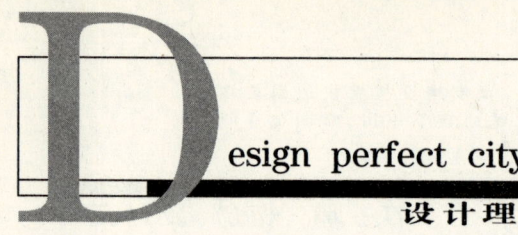

Design perfect city
设计理想城市

对于构建城市人性的街道文明却极有帮助，对于恢复传统城市文明极有好处，对于提高整个城市的空间质量和社会质量有着巨大的好处！中国的规划管理局和规划研究设计院又何乐而不为呢？其实，大量有着优秀文明价值的古城、古镇、古村落均是极高的覆盖率，极低的绿化率和较低的容积率和建筑高度。一座城市就像简·雅各布所言，再怎么搞绿化，与城市外围的绿地相比都是次要的。而城市自然质量的保障主要来自于城外的农村。城市就应该搞成城市，而不应该搞成什么不城不农的四不像的样子，而限制人性的发展。

依据城市机动车保有量以户均0.3的设想，作为服务于大街区的交通需要的街巷，其尺度即便在当下汽车文明的追求下，也不是需要太大的。一般而言，街的宽度有5.5m至6m就行了。能满足机动车双向行驶，而单边局部停车时也能保障通行需要。而巷的宽度，若需通行机动车，就只要有4.5m就够了。能够保障车辆单向行驶，单边停车。至于不需要机动车通行的，则只要在1.2m以上就足够了，甚至可以更窄。

这样的街、巷尺度，在当下大量的多层、高层建筑的布局中，需要连贯的低层建筑进行构建。从而让多层、高层退到后面。以街的人行道为1~3m，巷的人行道可有可无的情况来看的话，街的空间宽度也就在7~9m之间，正好构建以2~3层建筑为主的传统街道，而巷的宽度则在5m左右，完全可以构建1~2层建筑的小街、小巷。而这些街巷两边的低层房屋既可以安排成商业用房，也可以安排成纯粹居家住宅或居家住宅的前院等等。这样的话，大街区里就有了非常非常多的街巷空间和街道邻里，以

在一个城市建设如火如荼，房地产行业极其疯狂，城市建设规模快达到最终规模的一大半，而城市建设方式均以《雅典宪章》为准绳的当下中国，看到优秀的思想在现实中严重缺位的景况，看到城市新区满目皆是……

第三篇　规划、设计篇

及逐渐产生出的街巷文化。这样的设想，我们又何乐而不为呢？而大量所谓的专业人士为什么不早早提出来呢？其实，这样的设想并不需要什么特别的技巧，只需要有一个稍具独立思考能力的头脑就行了。但是现在看来，在中国，绝大多数专业人士无此头脑，而在所谓先进的西欧、美国也基本如此。这便是为什么说这个世界上95%以上的建筑师、规划师均很平庸的原因吧！

构建城市干道的商贸大街、构建城市大街区内的商业马路、构建大量的街区内的商业街、居家街、居家小巷乃至在此基础上，在干道、路、街、巷的适当节点位置构建市民广场、商业广场、街区广场、街内小广场、小空地、巷内小空地等等，是营建城市人性肌理的重要课程。非常非常重要！而将所有的人行道营建得既适合步行，也适合休闲憩坐，也适合街边商业性质、居家性质的延伸，其实是城市街巷文化的天然的一部分，城市管理不要太单一追求纯净，而让"市民"仅仅成为"公民"。

8、关于人口密度和容积率

对于不同的地域中心以及规模不同的地域中心，从民众的不同社会结构，聚落的不同生存方式和资源聚集的不同类别以及区域文化的不同类别等等，这不同类别的地域中心其人口密度是不一样的。

从前文关于社会结构部分的论述中，归纳出未来中国约有50万个中心村、2万个镇、2000个县城、200多个大城市、30来个

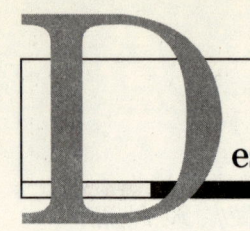
Design perfect city
设计理想城市

超大城市的大体情形来看的话。村落将拥有 4 亿人口左右,镇将拥有 2 亿人口左右,小城市的县城将拥有 4 亿左右,大城市将拥有 2 亿左右,超大城市亦将占据 2 亿人口左右。从生活方式和空间规模来看的话,千人左右的中心村和万人左右的镇看来应该不适合高容积率,不然的话这些中心村和镇只需要几十亩地和几百亩地便能建成。但作为广大乡村地域中心的中心村和镇却需要一定地表的规模来构建有着一定丰富性的街区,才能满足当地民众的丰富生活需求。因此,一个低层高密度的空间手法将是它们的最合适的需求,也与传统相合拍。当下很多地方将中心村和镇用多层的方式来构建是绝对不人性的。经推算这种低层高密度的方式其容积率也便是 1 左右。按照中国家庭人口结构和户均住房面积算下也便是 1 万人左右 /1 平方公里。那么这约 50 万个中心村将占用 5 万平方公里,2 万个镇将占用 2 万平方公里左右。

作为小城市的县城,大多未来的人口规模在 20 万左右。作为一个几百上千平方公里的地域中心,且承载着这个地域的地方工业内容。其空间结构的规模与镇一级是两回事,从小城市的商业丰富性,行政、文化、教育的地域中心性以及居住街区的丰富个数来看的话,一个十多平方公里的有着较大空间规模的小城市是能够让这片地域产生强大向心性的。而如果只有五、六平方公里的话,想必也就比大镇大不了多少。而内容的丰富性必难满足这片几百上千平方公里民众的生活要求,难以产生与幸福生活密切相关的有序复杂性。因为镇和中心村的空间复杂性是相当有限的。这样的话,作为小城市的县城们其人口密度基本就

> 在一个城市建设如火如荼，房地产行业极其疯狂，城市建设规模快达到最终规模的一大半，而城市建设方式均以《雅典宪章》为准绳的当下中国，看到优秀的思想在现实中严重缺位的景况，看到城市新区满目皆是……

第三篇 规划、设计篇

在每平方公里1.5万人左右，居住区容积率也就在1.8~2的范围左右，基本以多层建筑为主。至于商业区，肯定会要高一些，而行政、办公之地则可更高。至于工业区则应该是在保障功能需要的前提下，尽可能高。而全国这200个左右的小城市将占用3万平方公里左右。

  至于人口100万左右的大城市和人口800万左右的超大城市，由于其空间规模均已非常庞大，且均承担这些大面积地域的行政、文化、教育、物流中心，而人口100万左右的大城市还将承担大量省域传统工业的内容，因而其人口密度均将在每平方公里2万左右，并且个别超大城市的人口密度将超过2万。其居住区的容积率均应向3~4靠拢，个别的超大城市将超过4。由此看来，当下大量的大城市其容积率、人口密度偏低。按这样的人口密度计算，中国未来200个左右的大城市将占地1万平方公里左右，而30个左右的超大城市将占地1.5万平方公里左右。如此算下来，中国这庞大的城镇系统将占用土地12.5万平方公里，接近1.9亿亩，比整个江苏省要大一些，占整个国土面积的1.3%左右，应该不多，算得上非常紧凑了，应该排得上全世界城镇人口密度最大的国家。一个城市每平方公里的人口密度和居住区的容积率在本质上来说，基本上决定了一个城市的构成状况。如果能够如前所说，采用一种与上、中、下、底的社会结构相呼应的空间构建手法和与传统城市肌理相协调的交通系统的话，中国当下这种高密度、高容积率的城市也完全是可以构筑得相当人性的，而完全可以不去构筑当下这种在中国到处一致的所谓花园式住宅的住人机器城。只不过，在中国这个庞大的城镇

设计理想城市

系统里,由于中心村、镇的数量巨大,且加起来占据了7万平方公里左右,是整个城镇系统所占土地面积的一大半。而它们的筑城方式,如果全部采用这种低层高密度的传统街区方式的话,那么这占据一大半的中心村和镇是完全有可能在中国这个城镇系统里有着非常特别的空间内容和生活内容的。它们理所当然地应该成为中国大地上的绿色家园,就如同一百多年前的霍华德所推崇的那样。而作为小城市的县城,在这个城镇系统里看似处于承上启下的中间位置,但其占据的土地面积却基本比大城市和超大城市加起来的还多,有着3万平方公里的土地面积。若能将每一个小城市以小体量的多层进行充分人性地构筑,那同样也是非常蔚为壮观的庞大景致。而作为大城市和超大城市,在人们的心目中有着最大的眼球吸引力,但其加起来的土地规模还不到3万平方公里,但由于这3万平方公里里面有着全中国最重要、最值钱的资源聚集,其拥有的4亿人口应该是全中国最有金钱、最有技术、最有思想、最有权力的部分,因而对大城市和超大城市的打造就必然应该是最应该花心思、花思想、花物质力量来营建。并且要站在中国这个庞大城镇系统的最高端,以物质和精神的最高要求来进行结合才行。然而,中国当下正在热火朝天建设的这个城镇系统却由于思想的极大欠缺而有着过于经济的脆弱的强硬表面,而更由于人口密度和容积率与土地资源、自然资源优等的西欧、北美相比而有着相当的拥挤,以致构建的城镇必然有着指标方面的劣质,于是就更容易让这个庞大的城镇系统质量低下。看来,这对优秀的人文思想的引进将绝对是提高质量的关键所在。所以,即便指标高,有了好思想,俺们也不怕!

> 在一个城市建设如火如荼，房地产行业极其疯狂，城市建设规模快达到最终规模的一大半，而城市建设方式均以《雅典宪章》为准绳的当下中国，看到优秀的思想在现实中严重缺位的景况，看到城市新区满目皆是……

第三篇 规划、设计篇

这也是咱们在面对老外指责中国城市已毫无传统的时候，俺们经常面临绝望时而保持的一点自信心！而所有的地域中心，也就是中国的这个城镇系统，我们之所以强调每一个城镇的有序复杂性，是因为这个有序复杂性对每一个市民、每一个地域民众，它有着最重要的社会教育价值和自身教育价值以及价值观教育价值等等。所以，一定的密度、一定数量的人、一定令人难以捉摸的社会、一定令人难以料想的空间变化等等。他们都是人类最好的生活背景、最好的心理安抚剂、最好的自身定位标杆、最好的既能出世又能入世的社会场所。而结构单一、密度稀疏、一目了然的社会，很有可能让民众难以心定，从而难以安居。相比，这便是人类社会大多数自然形成的各种人种和文化聚落的真正的价值吧！而聚落的根本所在便是一定人口的密度，从而引申出当今世界到处言说的容积率！而中国面对当今现实的人口密度安排，虽然过于拥挤，但对于稀疏有余的西欧和北美，想必也有着另一番风味。不过，若要构建出风味，却需要优秀的思想。不然，便只是强硬而有序的拥挤或者是乱麻一团！

9、关于建筑密度和绿化率

其实，勒·柯布西埃的"光明城"在城市的人口密度和容积率方面所受到的后人的批评并不多，并且在当下西方人推崇的"紧缩城市"的概念里还有着某种继承。而当下的中国更是继承了这种高人口密度和高容积率的城市发展方向，且有着当今绝对的

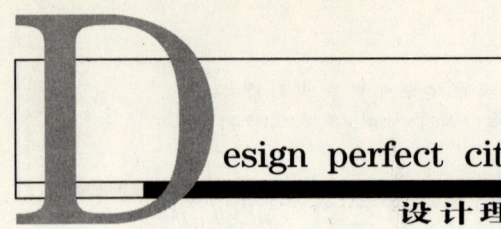

Design perfect city
设计理想城市

"紧缩城市"的实践。不过,却由于在追求高人口密度和高容积的基础上,由于同时还追求一种低建筑密度、高绿化率的原因,从而使得中国对勒·柯布西埃的"光明城"的继承有着一种相当的彻底性。于是,当下的中国便有了大量的"光明城"式的住人机器楼盘和大量制造住人机器的制造商——开发商和规划局。

这低建筑密度和高绿化率两个指标对中国的城市影响其实是最大的。而后人对勒·柯布西埃的批评其实主要针对的是这两个指标。尤其是简·雅各布。中国现今的各个城市的规划设计研究院,由于对这两个指标在影响城市社会构成、人文构成、生活方式构成等等方面毫无感觉、毫无人性生活的身同感受,于是在制定城市控规,制定城市每块土地的开发指标方面极像搞经济的会计师一样,只知算计开发强度、经济效益和普通生理指标,毫无活生生的社会场所建构思维,就完全如同勒·柯布西埃的徒子徒孙一样,只有规定的指标,没有人性的考虑!于是造成花费巨资修建出来的城市,到处都是空阔却让人不舒服的绿化带,且还需花钱进行大量维护。到处都是各类建筑底层的公共花园,且用围墙加以隔离,让路边的行人只能感受到这种所谓花园绿带的冷漠。到处都是被这种绿化率所浪费掉的城市极有生活价值的各类地段,各种生态边际线,各种极需零绿化率的商业地段等等。很多时候,这种对高绿化率的追求已经对中国大量的城市的生活流动性、舒适性产生了巨大的阻碍。而现今有着所谓高绿化率的城市却常常让大量的民众觉得反而不如没有什么绿地的老城、小镇舒适,以致让简·雅各布这位外行都看出,一座城市的绿化物理指标的提高,主要来源于城外的郊野。城内的绿化率指

> 在一个城市建设如火如荼,房地产行业极其疯狂,城市建设规模快达到最终规模的一大半,而城市建设方式均以《雅典宪章》为准绳的当下中国,看到优秀的思想在现实中严重缺位的景况,看到城市新区满目皆是……

第三篇 规划、设计篇

标再怎么提高都是有限的。而一座到处都是草坪的城市,虽然变成了所谓的花园城市,却反而有点不像城市了。因为,这遍布城市的绿地让市民的任意交流和汇聚有了障碍。从而难以产生街头巷尾的市井文化,从而只有了半城和无市的感觉。这是非常致命的。这种片面追求绿化率、追求绿化的地表面积,而常常搞忘植物可以是高大的空间物种的行为,让中国的多数城市往往注重地表的草本植物和灌木。其实,真正影响城市绿色环境和景观的却是高大乔木。尤其是高大的落叶乔木,对于大多数中国温热带城市似乎更实用。因为夏天可以遮阴,冬天又可以晒到太阳。并且关键的是高大的乔木其占地面积很小,而空间绿化体积却很大,其空间景观效果也更好,其净化空气、阻隔噪音的效果更是好得多。因此,对于城市来说,主要是植树,尤其是人行道上,更是只能种树。应该坚决消灭一般道路人行道上的草皮、灌木带。至于城市干道,有可能因为建筑的退距大,人行道很宽,而可以适当做点低矮灌木草本景观。

站在一种乔木是城市绿化最主要的手段的角度来看待我们的城镇系统的话,我们将发现,在保证足够的人口密度和足够高的容积率,保证城市建设以土地节约型的方式进行拓展的同时,我们可以根据镇、小城、大城市、超大城市的不同情况而完全可以提高建筑密度并同时减小绿化率。只要将城市雨水系统收集的雨水适当流入或渗入地表,以保障城市地下水有足够的补充,就完全可以行得通。

对于中心村和镇,其建筑密度或建筑覆盖率完全可以像传统古镇、古村落一样,将其覆盖率提高到60%左右,而其绿化率

Design perfect city
设计理想城市

由于有强大的乡野包围,而完全可以降到10%左右,主要是种树。这样的话,其建筑空间就完全可以消灭三层以上的房子,让大量珍贵的土地得到很好的利用。从而能够很好地构建出相当人性化的底层空间院落。在增加经济收益的同时,还能形成很好的生活环境和社会环境,并且还完全可以在这样的规划指标下恢复传统文化,增加村镇旅游价值,又何乐而不为呢?

至于县城一级的小城市,考虑到其建设指标一般以多层为主,容积率在2左右,因此,其建筑密度如果能做到50%,其绿化率做到15%的话。想必对于一个20平方公里左右,中心离乡野距离不足3公里的城市,应该也是理想的。这样的话,大多数沿街沿路的低层建筑将对于构建一个中小尺度的小城市将极有帮助,并且还可以营造得相当自由而人性,极可能向传统的街、巷尺度靠拢。这样的话,一个看似无关紧要的小小建筑密度指标的改变,将对全国2000多个县级小城市的打造带来巨大影响,极有利于将这庞大数量的县级小城市个个打造得非常富有生活情趣和传统市井风味,也同样将极富旅游价值和怡居价值。

作为大城市和超大城市,由于其中心离乡野的距离基本都有十来公里,大的可能达到二十来公里。因此,足够能够渗水的自然表土面积应该是保证城市地下土壤自然生态的需要。因此,一个占据总地表面积20%左右的绿化率想必能够得到保证。于是,一个40%左右的建筑密度应该也是能做得到的。想必与当下普遍30%建筑密度、30%的绿化率相比的话,一个40%建筑密度的大城市或超大城市,在道、路、街、巷两边,在大量的住宅底层,将可以有相当多的自由来构建由地面底楼建筑组合出的街、

> 在一个城市建设如火如荼，房地产行业极其疯狂，城市建设规模快达到最终规模的一大半，而城市建设方式均以《雅典宪章》为准绳的当下中国，看到优秀的思想在现实中严重缺位的景况，看到城市新区满目皆是……

第三篇 规划、设计篇

巷系统和底层私家花园和院落，这对于营建人性的城市公共空间和自由复杂的传统街巷及怡居的空间院落是极有好处的。这样的话，我们将大量消灭不实用的公共绿地，用大量的高大乔木进行代替，在大量的类似住人机器的街区楼盘里营建出丰富有趣的邻里街巷和私家院落。营建出有着高大乔木遮蔽的传统街道和街区小广场等等。这种有着较高建筑密度的街区是否应该比那些有着空阔绿地的花园式住宅区要好得多，要怡居的多呢！而在总体20%左右的绿化指标的要求下，大量消灭零散的无用绿地，将它们集中起来构建筑各种各样的街区小公园、小广场，构建出四面八方的城区大公园，构建出广阔、内容丰富的城市公园、城市湿地、城市山林、城市大水域等等，是否更好呢？想必这是一个显而易见的问题！

如果在我们当今的中国，能够将建筑密度和绿化率两个指标进行如上的一些调整，这对营建我们中国的城市文明是极具影响的。有可能带来整个城市质量和城市文明性质的完全变更。而这样的调整又并不与国家的土地政策有任何冲突。我们中国大量制定城市建设指标的所谓专业人士为什么就不能好好反思，从而提出多样的选择和多样的预见呢？这对于我们每一个想成为真正"市民"的民众来说，其实是非常重要的问题！

10、城市的整体形态

关于城市的整体形态的言说已经相当的多，包括K·林奇所

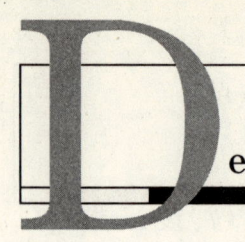
Design perfect city
设计理想城市

写的《城市形态》一书,虽为厚厚的一本,但却思路不明晰。其实,放下所有的言说和理论,站在一个旁观者的角度仔仔细细思考一下城市的空间形态,便会发觉任何城市的整体空间组织由各自的地理地貌、道路骨架和每个大街区的建设属性和建设指标以及建筑文化所决定。亦便是在一块地球的地表上,怎么样堆砌各式各样的大、小房子而已,从空间的角度来说,不是一个什么复杂的事。从功能布局的角度来看的话,只要稍稍具备一定的分析能力,也都能安排妥当。而难度比较大的其实是依据地貌、依据历史传承来进行重要的道路骨架的安排,同时亦便是对城市土地进行各种各样的划分。前文已经说道,这地块的划分将涉及以后大街区各类建筑的功能安排和社会结构的安排。当然,这后两者主要还是由地块的建设属性和建设强度指标所定,亦便是控规所定。因此,任何城市只要有一个既实用又人性的道路骨架,再有一个构思极富整体美感,极富合理功能布局,极富人性的社会结构安排的控制性详规,那么,一个城市就将堆砌得既漂亮又人文十足。而所谓的城市整体形态在当下的多数言说和论述中,其实很多时候主要局限于空间构筑中,其对城市内部社会结构关系的关注基本是没有的。这便很容易出现城市整体形态优美漂亮,但城市由于缺乏大量的街巷市井文化和怡人的居住邻里社区,而城市人文内容苍白的现象。一般而言,这样的城市只要看一看它的道路骨架和细微的城市街区肌理,便能一眼判断在漂亮的整体形态下是否具有人文魅力。因此,在城市的整体价值来看的话,一个整体形态不错的城市不见得真正优秀,但一座真正优秀的城市,其整体形态肯定非常好。

> 在一个城市建设如火如荼，房地产行业极其疯狂，城市建设规模快达到最终规模的一大半，而城市建设方式均以《雅典宪章》为准绳的当下中国，看到优秀的思想在现实中严重缺位的景况，看到城市新区满目皆是……

第三篇　规划、设计篇

　　当今的世界，当今的城市文明，对于大多数专业人士来说要依据地貌构建一个功能布局合理、交通实用的城市道路骨架，亦便是城市干道系统，基本都能做到。唯一比较困难的是这个干道系统与老城区的关系如何处理。当今的中国在这个问题上与西方相比基本是失败的，大多数中国城市不仅将老城区的道路肌理从尺度上全部破坏，还将老城区建筑和极具人文生态意蕴的社会结构全部破坏。而站在控规的角度，在如何将每一个大街区内部的街道肌理构建好，如何将空间形态与社会结构进行一种人性的复合方面，不仅当下的中国没有做好，即便当今的西方也做得不怎么样。因为新城市主义的实践相当不怎么样。而所谓的城市的自组织的追求和有序复杂性的追求又基本实践不了。就如前文"思想篇"的总结一样，这自组织和有序复杂性的思想基本只是对古典时期城市的一种总结，基本不能追求。因此，当今的我们其主要精力将主要应该集中在大街区的社会结构安排和街巷肌理安排上。而若果能将已被破坏的老城区进行较好的恢复那就更好。所以，当下的中国对控规的制定应该非常非常花费心思。要从思想上、社会结构安排上、传统文化恢复上、空间形态优美上、经济结构方便和谐上进行整体的协调考虑。坚决不能毫无人性地僵硬制定各项指标。中国当今的城市，如果能站在可持续发展的角度调整各自的产业定位，安排好功能布局和道路骨架，那么一旦制定好控规指标，那么大多数城市将能获得一种较好的结果。其城市的整体形态也许不会很漂亮，但其城市的人文魅力将能获得较大的发展。为什么城市的整体形态难以获取好的效果呢？因为，我们毕竟将大多数城市的传统老区完全毁

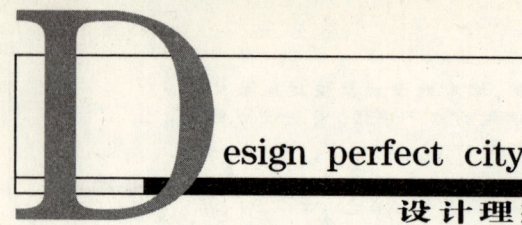

Design perfect city
设计理想城市

灭,大多数城市已基本是以《雅典宪章》为准则的新城,并且其城市道路骨架大多数僵硬、简单、没有自然魅力。

站在一种追求理想城市的角度,中国大多数城市对老城区的恢复看来是一种避免不了的事情。虽然有可能对于我们这一代人来说是不可能的事,但往后的事谁又能说得清楚呢?如果能像前文所讨论的,将城市之心、老城区、商业中心、文化中心、金融中心、行政中心、怡人的居住街区、容积率、建筑密度、绿化率等等内容以制定控规的方式,进行全面的反省、反思、核定的话。想必,对于一个理想城市的追求仍还是有着很大的可能性。

而对于城市整体形态的真正追求,在本质上来说,基本应该是已经将上述内容都已经进行了完备的考虑之后的自然形成。不然的话,就仅仅只是一种发自于空间角度的浅薄追求。就很容易出现表面好、内质不好的恶劣结果。而很多时候,大量专业人士站在建筑学的角度、站在城市设计的角度所构建得很漂亮的城市却常常容易非常缺乏人性。大多数这样的情况基本都是由于缺乏社会结构考虑的原因而产生的。而古典时期的城市之所以优秀,其实质便是由于社会小结构的自由而有序的构建才得以形成的。这便是城市整体形态真正优秀的实质所在,今天的我们千万千万要牢记这一点。

总结前面所有的述说,下面用类似城市控制性详细规划的建设技术指标将中国城镇系统的中心村、镇、小城市、大城市、超大城市分别进行梳理,从而在数字上具体形成一种控制,这种控制其本质上就是一种具体的城市形态控制。

在一个城市建设如火如荼,房地产行业极其疯狂,城市建设规模快达到最终规模的一大半,而城市建设方式均以《雅典宪章》为准绳的当下中国,看到优秀的思想在现实中严重缺位的景况,看到城市新区满目皆是……

第三篇 规划、设计篇

1、中心村:

居住区、商业区、商住区、行政区:

容积率:≤1.2

建筑密度:≤60%

绿化率:≥10%

建筑高度:≤6m

学校:

容积率:≤0.5

建筑密度:≤30%

绿化率:≥30%

建筑高度:≤9m

道路:

主街:5~6m

次街:4~5m

巷:1.2~3m

檐高与街宽比:0.7~1.2

人行道:1~2m

停车位:0.3个/户

2.镇:

居住区、商业区、商住区:

容积率:≤1.2

建筑密度:≤60%

绿化率:≥10%

建筑高度:≤6m

文教区、行政区:

容积率:≤0.5

建筑密度:≤30%

绿化率:≥30%

建筑高度:≤9m

道路:

路:6~9

主街:5~6m

次街:4~5m

巷:1.2~3m

檐高与街宽比:0.7~1.2

人行道:1~2m

停车位:0.3个/户

3、小城市:

居住区、商业区:

容积率:≤2

建筑密度:≤50%

绿化率:≥15%

建筑高度:≤18m

商业区:

容积率:≤1.2

建筑密度:≤60%

绿化率:≥10%

建筑高度:≤9m

文教、行政区:

容积率:≤0.5

建筑密度:≤30%

Design perfect city
设计理想城市

绿化率：≥30%
建筑高度：≤18m
工业区、仓储区：
容积率：≥1
建筑密度：≥40%
绿化率：≤10%
建筑高度：≤18m
道路：
主干道：18～21m
次干道：12～18m
路：9～12m
主街：7～9m
次街：5～7m
巷：3～5m
窄巷：1.5～3m
行道：1～5m
檐高与街宽比：0.7～1.2
停车为：0.3个/户

4、大城市：

低层居住区、商住区：
容积率：≥1
建筑密度：≥50%
绿化率：≥20%
停车位：1.2个/户
多层居住区、商住区：
容积率：≤2
建筑密度：≤45%
绿化率：≥20%
停车位：0.8个/户
高层居住区、商住区：
容积率：4～6
建筑密度：≤40%
绿化率：≥30%
停车位：0.2个/户
商业区：
容积率：1～4
建筑密度：≤50%
绿化率：≤10%
文教区、行政区：
容积率：≥1
建筑密度：≤20%
绿化率：≥40%
办公区：
容积率：4～8
建筑密度：≤30%
绿化率：≥10%
仓储工业区：
容积率：≥1
建筑密度：≥40%
绿化率：≤10%
道路：
主干道：27～36m
次干道：18～27m

在一个城市建设如火如荼,房地产行业极其疯狂,城市建设规模快达到最终规模的一大半,而城市建设方式均以《雅典宪章》为准绳的当下中国,看到优秀的思想在现实中严重缺位的景况,看到城市新区满目皆是……

第三篇 规划、设计篇

路:9~12m

主街:7~9m

次街:5~7m

巷:3~5m

窄巷:1.5~3m

人行道:1~9m

檐高与街宽比:0.7~1.5

5、超大城市:

低层居住区、商住区:

容积率:≥1

建筑密度:≥50%

绿化率:≥20%

停车位:1.2个/户

多层居住、商住区:

容积率:≤2

建筑密度:≤45%

绿化率:≥20%

停车位:0.8个/户

高层居住区、商住区:

容积率:4~8

建筑密度:≤40%

绿化率:≥30%

停车位:0.2个/户

商业区:

容积率:1~5

建筑密度:≤50%

绿化率:≤10%

文教区、行政区:

容积率:≥1

建筑密度:≤20%

绿化率:≥40%

办公区:

容积率:4~12

建筑密度:≤30%

绿化率:≥10%

仓储工业区:

容积率:≥1

建筑密度:≥40%

绿化率:≤10%

道路:

主干道:27~42m

次干道:18~27m

路:9~12m

主街:7~9m

次街:5~7m

巷:3~5m

窄巷:1.5~3m

人行道:1~9m

檐高与街宽比:0.7~1.5

Design perfect city
设计理想城市

　　站在一种控制城市整体形态的角度来进行整体城市的空间体量安排应该是非常具有美学意义的事情。当然，它同时也具有非常重要的经济开发意义。一个城市当顺应地理地貌和历史渊源构建好城市道路肌理，并依据功能布局控制好城市的整体空间形态后，本质上来说，城市在功能上、在空间上、在社会构成上就基本已经大局已定。剩下的事情，便留给了城市设计和建筑设计。而如今所谓到处泛滥的景观设计本应属于城市设计和建筑设计的范畴。这种城市大局的最终确定在当下的中国便属于控制性详细规划的活儿。如此看来，一种站在功能布局、空间美学、和谐社会构建、经济效益追求、社会可持续发展的控规的制定是非常非常让每个城市的规划设计研究院极费脑力的事。它绝对不应该仅仅是一种功能和经济的单线追求。当今的中国城市规划却此病甚重！这也便是本书在探讨城市整体形态时，根据不同城镇规模，从人性的角度来将各类地块的建设指标进行一种与当下相比却相当不同的考虑的原因。其中尤其在建筑密度、绿化率和停车位的考虑上，与当下的城市控规指标差距相当大。在此，作为一种设想，首先应该具有相当的设计意义吧！至于具体的实践，也许需要较长的时间来进行思考和尝试。

11、关于城市设计和建筑设计

　　当今的中国的城市仅仅只从美学的意义来评价的话，都是相当有问题的，与古典时期的城镇建设相比就根本没有可比性。

在一个城市建设如火如荼,房地产行业极其疯狂,城市建设规模快达到最终规模的一大半,而城市建设方式均以《雅典宪章》为准绳的当下中国,看到优秀的思想在现实中严重缺位的景况,看到城市新区满目皆是……

第三篇 规划、设计篇

这其中的原因想必与当下的中国城市只有各自为政的建筑设计,毫无城市设计有关。而古典时期的城镇建设由于有相当于城市设计指南的乡俗、民规以及极其重要的自由生长,其城镇质量因而非常优秀。

中国当下的城镇建设由于规划仅在功能性、经济性的方面进行控制,并放手让大量的建筑设计各自发挥,从而让最终的街区结果、街道结果无比混乱。这其中,虽然大量的建筑设计人员由于缺乏邻里协调、街道协调、环境协调的素质而有着不可推卸的责任,但规划过程的缺失却是责任最大的。因此,要将城镇建设得优美、漂亮,没有城市设计这道程序,想必是不可能的。即便只要有一套较为整体控制性的设计指南,其效果也会大大的不同。

关于具体的城市设计法,美国的K·林奇总结得相当好。从区域、通道、边际、节点、地标来看的话,其前四项均是城市的开放空间,而地标建筑的设计想必也应该服从整体的空间控制,不能任由建筑师们随心所欲。从街区的整体性、街道的协调性、广场的节点、周边建筑协调性,以及大量城市绿地、水面、山体空间的整体环境效果来高质量进行控制,进行较为和谐的整体综合,确实是极其需要的。我们城镇的每一条街、每一条巷、每一条路、每一条交通干道、每一个广场、每一个十字路口、每一条河岸、每一片水域等等,若都能有着一种整体的空间美学协作,那将让我们的生活质量大大提高。因此,中国的城镇规划,在制定出充分人性的控规之后,一定要对每一条街、每个街口、每个广场提出针对具体建筑设计的设计指南。从人行道的铺装、临街

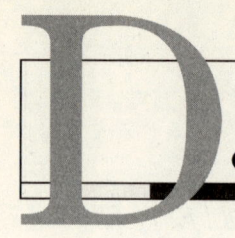

Design perfect city
设计理想城市

建筑的裙楼设计到整条街道、整个街口、整个广场建筑的建筑风格、色彩等等，提出一种有着宽松选择性的控规性具体要求，是当下城市建设十分急需的。至于当下很多超大城市针对某些重要区域搞的一些花费大量人力物力，制作出许多图纸的所谓城市设计，从实际操作来看，是十分浪费和无用的。很多时候，城市设计还是应该恢复到古典时期城镇建设的民俗民规控制层面，让千千万万的个体建设方遵循一种有着强烈地域文化特色的民俗要求，从美学上、功能上全面进行综合协调，这样的城市设计也才是人性的。不然的话，一个类似扩大的建筑设计的城市设计将由于过于的统一而缺乏多样性，从而缺乏有序的复杂性。就如同卢森堡的规划师克里尔在欧洲做的许多城市设计一样，虽然从总图看来很具有传统城市的空间形态和自然肌理感觉，但由于一个庞大的街区全被一种思路限定，从而在最终的实施结果上表现出大量的苍白，从而缺乏多样性和人性。当然，这个中的原因也由于克里尔在街道尺度、街宽比的控制上过于沿袭现代规范的原因吧，以致大量的空间尺度过于空阔才显示出非人性色彩。

因此，一个好的城市设计，应该是在尽量构建好自然的街道肌理和街道、广场的空间自然变化后，主要应该将精力放在控制街道尺度、街宽比和建筑风格范围上。而怡人的街巷尺度依据干道、路、巷的不同而不同。其街宽比从大街的1.5至小巷的0.7是有着不同审美效果的。至于建筑风格，任何城市其本身的地域性对于整座城市是一种整体需要，但允许个别街区有异域元素为主的追求。但这样的街区应该不超过这座城市的20%，并且最

> 在一个城市建设如火如荼,房地产行业极其疯狂,城市建设规模快达到最终规模的一大半,而城市建设方式均以《雅典宪章》为准绳的当下中国,看到优秀的思想在现实中严重缺位的景况,看到城市新区满目皆是……

第三篇 规划、设计篇

好集中安排。当然,也完全允许街区的个别地块有些异域元素的追求。至于当下中国城镇全面的异域文化元素的泛滥却是极其恶心的。在整座城市以本地与传统元素作为整体需求的同时,现代风格的建筑是一种全面的调味品,可以任意出现。当然,若能在传统和现代之间折中就更好!依据这种大的要求,制定出原则坚定、范围宽松的城市设计指南,剩下的建筑设计,只要建筑师们从空间、社会的整体场所角度追求功能、追求经济、追求审美,那么,我们的城市一定能够构建得比现在好得多。

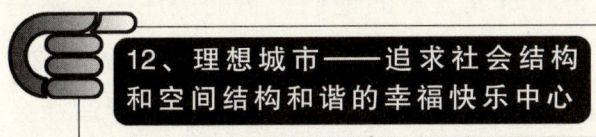

12、理想城市——追求社会结构和空间结构和谐的幸福快乐中心

城市作为人类群居生活的聚集点,在现今国家概念的层面上一直承载着巨大的产业因素、资源因素,乃至在此基础上由国家重要城镇系统所展现出的综合国力因素。然而从人类生命的自然过程来看待城市的话,城市对于任何民众来说其主要功能却是寻找各自幸福生活的地方。人类生活方式已由古典时期喜爱独居山林的时代,变得越来越需要群居在一起,以便相互提供多种多样的服务,从而让自己的生活既丰富又轻松。这便是为什么发展充分的国家,其人口的80%以上喜爱群居在城市的根本原因。因为现今的人类已不可能过一种什么生活用品均依靠自己生产、制造的艰辛的小农生活了。

站在一种相互提供服务的角度,想要居住在城市的人们必须能够具有一种其他人需要的技能。因此,所有居于城市的人们

设计理想城市

均需要劳动,这便是城市作为民众群居点必须具有巨大工作内容的原因,亦便是现今城市中的产业安排。因此,本质上来说,当今全世界所有的城市最需要解决的便是市民的工作和生活问题。那许许多多的交通、教育、文化、市政配套等等问题均是为工作和生活提供充实的服务。因此,各有其业、各有其居,应该是任何理想城市的基本应该具备的根本内容。

作为我们人类群居聚集点的城市究竟应该怎么样才能达到一种人类的理想状况呢?当今全世界许许多多谈论城市的各类书籍已有了很多的探讨和研究,然而他们大量的关注主要还是局限在城市的各类功能上。即便是作为可持续发展的绿色理念,很多时候,也主要停留在具体的自然环境上,相当缺乏舒适社会生活安排的探讨。总结本书前文所探讨的内容,我们逐渐感觉到任何单个的民众若想在任何城市寻找到自己的幸福生活,那么这个城市首先应该是开放性的,它欢迎任何人,能给任何愿意提供劳动服务的民众提供工作机会,并能让他们能够赚取到能够在这个城市定居下来的足够的金钱。这个城市应该有良好的交通系统,能让任何层次的民众均能在他的工作和生活点之间轻松来往,而无需耗费过量体力和时间。让生活的街区要有充足的人情味,要有丰富的生活内容,要有极其便捷的生活服务,还要有足够的有序复杂性,这个城市还要有完整的政府服务,要有具备庞大内容的城市商业中心、文化中心。这座城市的所有建筑应该与当地的自然、文化传统完全吻合,其城市的空间形态应该极具人性、极具有序复杂性、极具整体性、又极具地域中心性。总的来说,由于城市是民众的社会聚合体和民众的工作居住空间

> 在一个城市建设如火如荼,房地产行业极其疯狂,城市建设规模快达到最终规模的一大半,而城市建设方式均以《雅典宪章》为准绳的当下中国,看到优秀的思想在现实中严重缺位的景况,看到城市新区满目皆是……

第三篇 规划、设计篇

场所,且由于城市民众因为各自能力的不同而产生出的社会分层性质,因此,一个理想的城市便要求这座城市能够让各阶层民众在各得其业、各得其居、其所的基础上,均能充分地享受到社会的友爱、人性的美好、空间环境的优美怡人、自然环境的清洁、绿色。能够让任何民众在这座城市中寻找到自己的幸福、快乐生活。从而让任何城市均能成为任何地域民众们的幸福中心、快乐中心。想必这便是任何城市在追求理想状况的必然结果。

然而,由于城市建设的具体物质性,在当今全世界现代工业文明建设标准的前提下,要想将如此硬性的城市修建得与我们如此丰富、细腻的人性非常的吻合,是非常困难的。西方那些已有几百年工业文明经验的城市虽然做得好一点,但从理想城市的要求来看的话,仍然非常不够。至于当今的中国,就更是差得太远。因此,总结所有的城市建设经验和成果,我们将看到,能够在功能上、在空间上将城市修建得功能布局合理、交通流畅、城市建筑漂亮迷人、自然环境干净优美已经是相当高的成果了。而在此基础上,还能够将城市的所有民众依据其各自的阶层充分安排好他们的工作内容、家庭内容、社区内容,能够让城市的人类社会系统充分的和谐就更是一件非常难的事。这其中关键之点便是要让城市的所有民众有充分和谐的工作、生活关系。而西方新城市主义所推崇的混合功能、混合社区的本质亦便是看到了城市功能配置中,此点的绝对重要性。

这本书前面所有的探讨,我们已经看到了在任何城市中去追求社会结构和空间结构和谐的可能性。其实,只要我们细心考虑、认真总结,不唯上、不唯下、只唯实。那么,我们完全有可能将我们的城市建设得非常理想,完全可以让任何城市成为任何地域民众的幸福中心、快乐中心!

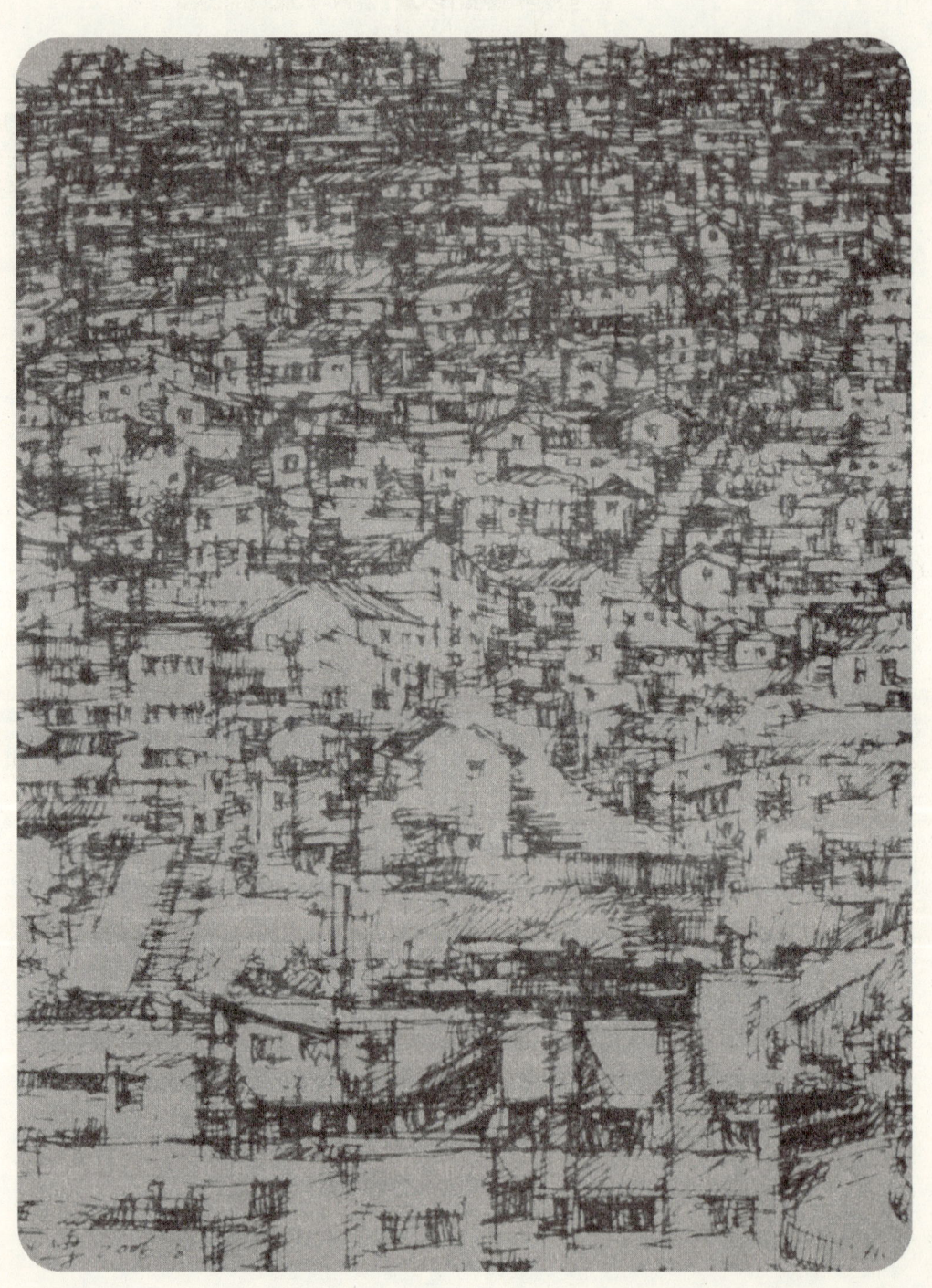

Design perfect city 设计理想城市

第四篇 修正篇

引言：

　　虽然对规划、设计理想城市的方式方法有了相当肯定的头绪，然而中国的城市文明已有了最终规模的一大半，在一种思想基本缺位的20多年的景况里，这一大半固态城市规模，无论在人性上、在审美上、在社会结构配置上、乃至在功能布局、基本配套等等方面不能令人享受到优美。相比，在未来20多年营建这剩下的一小半的同时，对已成现实的这一大半的固态景况的修正将是一种必然，而当今个别的某些城市其实已经在某些方面已在进行着这样的修正。就如同一个家庭一样，既然前面的装修没搞好，那就通过一定的调整来适当变化得舒适些吧！其实，城市文明几千年来一直在进行着这样的调整和修正。

1、"道"、"路"的修正

　　从城市的交通功能定位来分别看待"道"与"路"的不同，这在上文城市交通部分已经谈到。虽然今天的可持续发展理念，让人们对汽车文化的泛滥有了很大的反思和批判以及交通调整，然而汽车文明对任何个人的出行自由的巨大好处和诱惑力，却仍然是极其强烈的。即便城镇与乡村的所有公共交通能够达到一种任意点对点的绝对方便的情形，私人小汽车

设计理想城市

的个体自由属性却始终是改变不了的。因此，未来的数百年，私人小汽车不可能消失，只可能变得更方便、更环保。基于这样的考虑，任何城市的未来在干道系统方面的现状是难以改变的，也就是说，城市地面非轨道交通干道系统将有可能永远是任何城市的道路骨架和街区分割的根本原因。任何城市的交通干道上将有可能永远是机动车奔驰的流动场所。城市文明的这一基本属性有可能永远改变不了。

古典城市文明时期那种慢节奏的安静的城市状况已经一去不复返。因此，对今天存在于城市的干道系统，我们就有了非常明确的根本理解。基于这种理解，对今天中国各个城市正逐渐形成的干道系统就需要站在一种市民生活的全面角度来进行完善和修正调整。

交通功能的修正："道"的定位是城市的交通骨架系统，是城市各大街区之间来往和城市与城外交通来往的交通系统，其畅通性是绝对第一位的。因此，这干道系统的所有交叉点应该实现立交。当下的中国城市正在做这样的事。其次，应该将机动车道的宽度依据城市最大机动车保有量来进行调整，其占据城市面积应该在10%左右，以达到足够的密度，并将非机动车道完全分割且保有足够的宽度。

人行道与绿化带的修正：由于干道是城市的交通骨架，是城市交通流量最大的地方，因此，应该允许干道两边留有宽阔的绿化带，但必须以高大落叶乔木为主，并让人行道紧靠干道两边的建筑物；不应让人行道与建筑物之间再有绿带。要将人行道做得像普通街道一样既宽又结实，既能行人也能行自行车、停机动

> 在虽然对规划、设计理想城市的方式方法有了相当肯定的头绪,然而中国的城市文明已有了最终规模的一大半,在一种思想基本缺位的20多年的景况里,这一大半固态城市规模,无论在人性上、在审美上、在社会结构配置上……

第四篇 修正篇

车,又能保证人行道与建筑物出入口的平接。

建筑物的修正:所有的临人行道的围墙和大门均应修建成商业用房,大门成为过街楼。裙楼建筑的高度应与干道的宽度相对应,其比例在 1~1.5 之间为宜。建筑风格依据路段进行大致协调,消灭底层商业用房与人行道之间的大台阶,统一商业用房底层以上的出挑空间,或封为商铺内部或作为公共外廊。

十字路口的修正:由于规划盲目追求行车视线的原因,中国城市所有道路的十字路口建筑切角退距,造成路口建筑空间过敞,路口人行道过大,过于浪费土地。若能将切角退距修正为平滑圆弧退距或小折线退距,想必路口空间环境定能更人性化,而路口的人行道也就与普通人行道一样宽。最好用建筑而不用绿化来进行处理,来增强城市氛围、增加经济效益。

"路"的定位由于主要是在大街区的内部,基本不承担城市交通骨架的作用,因此,主路四车道带非机动车道,次路二车道带非机动车道就足够,多余的宽度完全可以纳入人行道范围。但所有路的人行道均应消灭绿化带,只植高大乔木,并且应将树基盖做得与人行道平接,减少人行道的障碍。主路的人行道应考虑机动车停车,因此,基层施工标准要与道路同。次路不考虑停机动车,其人行道路沿石上应设置障碍柱,杜绝机动车上停而破坏人行道。所有人行道与建筑物出入口均应考虑平接,所有路两边的建筑物的修正与干道修正一样,均需消灭围墙、消灭非建筑物大门、消灭人行道与底层建筑商铺的台阶,统一商业用房底层以上的出挑空间,或封为商铺内部,或作为公共外廊。而十字路口的修正也与干道一样,消灭切角退距、消灭十字路口过大的人行

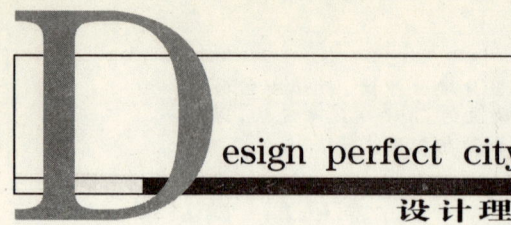

道。改善空间环境,增加社区人气,增加经济效益。

2、"街"、"巷"的修正

中国由于追随花园式住宅方式,"街"和"巷"除开在城市的一些老城区还留存一点,大量的新城区其实是只有街、巷之名,无街、巷之实。上文由街的功能定位主要是大街区内可双向行车,单边停车,宽度5~9m的道路。巷的定位为1~4m宽,有的可单向行车、单向停车,有的仅能行人。当下这些街、巷的修正,主要包括道路、人行道、街边建筑及围墙、大门等,其修正的问题基本与"道"、"路"相同。

由街的定位来看,街区内的许多街其实过宽,完全可以根据通行能力和街区机动车保有量进行收窄。而街的人行道一般最多只需要3m宽就足够了,且只能在人行道上植乔木行道树,不能有绿化带。街边建筑的底层商铺应与人行道基本平接,消灭台阶,底层以上出挑空间要么内封,要么做成公共外廊。街边建筑风格要整体协调,一二层裙楼外观要考虑商业招牌。街边所有围墙全部拆除,要么改为私家花园,要么改为底层前院。消灭十字街口切角退距,用低矮裙楼填补。沿街大门均改为门楼式低层建筑,增为物管用房或商业用房。

"巷"的修正与街的修正差不多,只不过由于巷的人行道较窄,应该取消巷的行道树,适当布置景点乔木。并将巷的人行道与路面平接,不高出路面,基层做法与路面同,保证不被辗坏。

> 在虽然对规划、设计理想城市的方式方法有了相当肯定的头绪,然而中国的城市文明已有了最终规模的一大半,在一种思想基本缺位的20多年的景况里,这一大半固态城市规模,无论在人性上、在审美上、在社会结构配置上……

第四篇　修正篇

巷边底层建筑围墙全取消,改为私家花园,或底层前院,或低层建筑。底层住宅由巷道直接进入,增强邻里关系。巷道建筑风格进行整体协调,增加古典"街"、"巷"的空间风格。

从空间尺度上,用街、巷边的低矮裙房改变当下街、巷的空间尺度,将整条街巷空间肌理关系进行较为人性、自由的路径设计,改变僵硬的直线关系,是街、巷修正的关键之处。

3、人行道的修正

今天中国城市的人行道是城市地面问题最多的地方。由于不断改造,时而铺电缆,时而铺盲道等等,且由于人行道的基层均不考虑大荷载停放,人行道的铺装地块强度差,渗水性也差,因此,大量城市的人行道均相当不整。此外,由于设计时,不考虑路边数量繁多的出入口的打断,让行人行走在各条人行道上十分难受,时刻遭遇障碍。至于许多凹陷的人行道局部地块,一旦经雨水存积,便常常让行人如踩地雷般。

人行道作为任何城市最重要的地面生活承载体,需要最讲究的设计和最稳固的质量安全,因此,所有的人行道的基层处理必须经过层层压实以保证机动车停放不变形。而铺装地块必须足够厚,不会轻易被辗松,还要相当具有渗水性和防滑性。那些光滑漂亮的花岗石必须杜绝。人行道的宽度必须与人流量和道路宽度相搭配,不能过宽。尽量减去人行道上的商铺台阶,仅剩一步。行道树基坑要么用树基盖铺平整,要么缩小树基坑仅大于

Design perfect city
设计理想城市

树根 10cm，以避免人行道上的树基坑成为行人的摔拌之源。当人行道小于 3m 时，尽量将人行道与道路标高放坡平接，以改变行人不断上下之烦。若能将所有人行道与打断人行道的许多出入口路面进行平接，人行道上的许多局部无障碍设计便可取消。

用类似家庭装修的细腻来考虑所有人行道上的一切东西，想必能让市民享受步行。

4、临街建筑的修正

临街建筑的修正已在一些城市被执行，但由于过于追求一种形式上的某种风格，常常表现出勉强。若能超出临街建筑范围，而能达到全城、全街区所有不协调建筑物、构筑物的修正那就更好。

临街建筑的修正最主要的部位，应该是底层的商铺和二层及少量三层建筑的部位。首先，底层的商铺或临街私家花园或私家前院与人行道的衔接要舒适，不能产生占据人行道的通长大台阶或大花池。临街商铺的外墙要非常讲究而具有商业要求，其商铺的招牌或灯箱要与二层建筑部位相协调。考虑到街道空间的整体性，二三层建筑部位尽量要与底层成为一体，与上部有一种整体性的区分。一定要消灭二三层部位的乱搭乱建。由于中国城市的大量建筑基本修建于 1980 年代以后，其整体结构基本都还好，因此，只需要更换高质量的外墙门窗，更换好质量的外墙装饰面。将后搭建的门窗雨棚进行高质量的统一，将所有外墙门

在虽然对规划、设计理想城市的方式方法有了相当肯定的头绪,然而中国的城市文明已有了最终规模的一大半,在一种思想基本缺位的20多年的景况里,这一大半固态城市规模,无论在人性上、在审美上、在社会结构配置上……

第四篇　修正篇

窗防护栏进行内置平窗安放,用现代的风格或现代与少量地域元素折中的风格进行建筑风格的大协调,就一定能将所有城市的所有街道调整修正得既能富有人性,又十分传统漂亮。如果还能将所有楼房的平屋顶进行私人化,并允许其将屋顶在不改变楼房整体外墙的前提下适当搭建花架花池,大量减少楼房的屋顶、地面的公共部分,更换楼内的水电气管道,就更能将所有建筑及其周边环境在不需要推倒重来、浪费资源和污染环境的情况下,改造修正得十分怡人。对中国城市来说,这样的事情将很快成为城市管理者们的正业!

5、围墙的修正

新城市主义强调城市交流性和个体性,而中国城市中大量存在的围墙都是造成城市阻隔、社会分层极化的根本原因。很多时候,城市的一个大街区,其面积近1平方公里,便被这可恶的围墙完全封闭,造成城市干道系统在此堵塞,城市的社会交流被无情地分层和单一化。这样的东西居然被现在的广众传媒认可为优秀的大盘,卖高价的出众者。可见中国的房地产媒体素质十分低下,属于典型的商家吆喝者,从不考虑社会的和谐性。

本质而言,所有紧临城市干道、路、街、巷的位置,均是一个城市市民性质表现最充分的地方。最能产生交流、最能产生城市文化、最能产生城市经济的地方。而将这样的金贵地方用可恶的围墙封闭起来,无论从社会学的角度,从文化、人性、金钱的

设计理想城市

角度来看的话，均是极大的浪费。因此，采用古典时期城市街巷居家邻里、商家邻里的方式彻底改造修正中国城市中的大量临路围墙，将是任何城市构建人性和谐社会的重大举措。一旦用一层、二层的低矮建筑取代围墙，城市中大量的路、街、巷将变得十分生动有趣。居家的将具有更多的个体性，无需看花园大院的物管眼色行事；经商的将拥有更多的临街金贵档口，大大增加城市的经济活力和就业机会。作为城市管理者又何乐而不为呢？其损失仅仅只是一些居于表象的城市绿化率而已。一个十分人性，而绿化率较低但建筑密度较大的城市，绝对比一个到处是公共绿地、但行人匆匆、街家冷清的城市要好得多。至于大量远离道、路，处于建筑物之间的分隔围墙，从社区和谐的角度，可以依据实际情况，既可拆除，也可以改造为绿篱，从而减低封闭性、冷漠性，增加城市的人性。

6、广场的修正

广场对于传统城市来说本来是一块空地，最多有点雕像、喷泉、坐椅，基本是一个适合聚会、适合歇息、打望的地方。而中国城市的大多数广场，却常常把广场的市民性搞忘了，把所谓的绿化景观当成了主题，在这些城市金贵的空地上布置了过多的灌木，以及人们不能入的草坪和大水景等，使得大量的市民们缺少了他们最需要的铺装优质的空地。

广场还是应该回复到原来的本位，即广阔的场地。从这样的

> 在虽然对规划、设计理想城市的方式方法有了相当肯定的头绪,然而中国的城市文明已有了最终规模的一大半,在一种思想基本缺位的20多年的景况里,这一大半固态城市规模,无论在人性上、在审美上、在社会结构配置上……

第四篇 修正篇

本意出发,城市当中那众多的广场,在保留少量园林广场、景观广场、行政广场之外,应大量地将它们进行修正调整。首先要消灭地表上的所有障碍物,用优质的石材或广场砖进行铺装。允许在广场周边种植树基坑平整的高大乔木,沿周边布置一些牢固的坐椅。如有需要,亦可在广场内适当位置种植树形、树种极好的大乔木,和安置独个的具有市民普遍价值取向的雕塑和纪念物。在场地足够大的情况下,布置一点小水景与雕塑结合,也是允许的。除此之外,便应该什么也没有了。这样的广场应该在小街区、大街区、商业中心、文化中心等地方大量出现。那些有过多灌木和水景的广场,应该出现在公园、城市绿地区域里。而仅有可让人踩踏草坪的广场,应该与运动场所相结合。至于一个城市正中心的行政广场,则由于政府的意图而有所纪念性和严肃性,应该是理所当然的。而将大量城市干道十字路口的过于空阔的转角人行道布置成绿化广场的行为却极是不妥,因为十字路口是交通繁忙地,也是城市空间的节点,过多的绿化,淡化了城市的色彩,浪费了宝贵的商业口岸,应该按上文进行修正。

当然,对于整条街道中的局部放宽的部位,有时,就仅仅只需要一棵遮盖浓厚的大树,便能形成极好的街道小广场的效果。无需过多的设置,有几个石凳、一张石桌,便足够了。大量城市喜欢在这些地方放置健身器材的行为似有不妥,应该专门辟出小空地进行专门安置,不然便影响了闲坐市民的闲聊,就相当于健身器安在客厅一样,让人难受。

此外,围绕广场两边的建筑内容是十分重要的,它们应该是大量市民们吃吃喝喝的众多场所,市民广场的本质也确实是市

民们自由自在的快乐中心。

7、花园、绿地的修正

大量临道、路、街、巷的绿地应拆除围墙,尽量更改修正为居家的前院、私家花园、商家的临街休闲性消费场所。因为这样的地方是一个城市市民性最充足的地方,不可浪费。中国大量城市的居住小区里的绿地,完全可以分配给或出售给底楼的每家每户,允许他们用绿篱、传统漏花云墙等进行围分,划入自家的私人花园范围。从而使得大量的居住小区沿着大量的区内路网,形成相当丰富的胡同、小巷。这样既增加了大量空地的空间丰富性,又大量减少了公共绿地的维护。但是这样的私家花园不允许土地硬固化,只允许少量石材停步,更不允许搭建有固定围护墙体性质的各类棚亭,敞棚、敞亭除外。想必这些每家每户的私人花园必能给乏味的小区空地带来丰富的个体性,从而产生大量的社区情绪。而不与建筑相靠的绿地既可留为公共花园,也可辟为居民广场。

至于商业区的花园绿地,应大量更改为有休闲坐椅和高大乔木的广场,文教区的绿地则应大量更改为可供人随便踩踏的草地活动休闲区。

在虽然对规划、设计理想城市的方式方法有了相当肯定的头绪,然而中国的城市文明已有了最终规模的一大半,在一种思想基本缺位的20多年的景况里,这一大半固态城市规模,无论在人性上、在审美上、在社会结构配置上……

第四篇 修正篇

8、边际线的修正

与自然的江、河、湖、山、绿地衔接的城市区域,有着大量的自然边际线。对于任何城市来说,一般而言,这些边际线的区域均是一个城市自然环境资源非常出色的地方,有着很高的社会价值和经济价值。中国大量的城市一般将这样的地方规划成长长的公共绿带。表面看来虽然有着看似舒心的景观,但由于经济性、社会性考虑不够,大多数这样的优秀边际线却没被充分使用。

应该在所有这样边际线的两侧,充分布置安排市民休闲生活需要的吃喝玩乐内容,让所有紧靠这类边际线的道路退到这类公建的后面,从而给这类公建留出最好的景观和环境。所有这类边际线的环境打造,一定要用自然的方式方法,应该基本消灭一切人工属性,尤其要消灭大量的堡坎、人工路面、大尺度人工水景和巨型雕塑等等。宁可让居住建筑的私家花园紧邻这样的边际线,也不让这类边际线与城市道路大量相靠。当然,如果城市设计有特别重要的节点,需要让其在城市主要景观道路的某段局部优美展开,则另当别论。任何城市的高价值边际线,如果全部毫无保留地成为路边绿地的规划考虑,其实将会让城市变得看似优美,但使用起来却相当乏味,不够丰富、参入性不够,同时也极不具有经济效益!本质上来说,一个城市这样的开放空间,只需要有20%~30%左右具有完全公共性就够了,剩下的大多数完全可以提升这类边际线周边的土地价值,从而产生许许多多的城市生活内容,丰富我们的生活。

Design perfect city
设计理想城市

至于存在于少量大城市的轨道交通两边的边际线,他们主要应该是一种负景观的东西。从交通的便利来看,主要安置工业、仓储和商业看来是较为妥当的,居住区应该远离它们。

9、从城市设计的角度修正整合人性街区

随着汽车文化在中国的普及,大量的城市从交通功能的角度,必然建立起各自的城市干道系统。任何城市由于干道系统的强大车流的分割,其大街区的逐渐形成,必将是很快要出现的事。当下这些已经建成或正在修建的大量的大街区,由于缺乏高质量的城市设计的考虑,其内在的整体性相当泛散。作为一个面积0.5~1平方公里左右、人口达到六七万、综合内容相当丰富的大街区,由于干道车流的分割,使其具有相当内敛性。其本身极具完整县城的感觉。因此,通过对大街区内的通道、边际线、节点、地标、整体区域的城市设计内容的完整调整和修正,绝对能让大量现今乏味的街区人性而生动起来,从而能构建出各自大街区的不同空间特色和社区特色,就如同设计怡人的居住大街区一样。

首先,要精心打造大街区的主马路,将其营建成商业大街。在这条商业大街上要营建市民广场,坚决消灭绿化广场,精心铺装结实的人行道,种植单一品种的高大乔木作为行道树。在广场边需要营建街区地标建筑,其高度可作为街区的制高点。次马路与主马路的交叉点应该像城市商业大街十字路口一样进行转角

在虽然对规划、设计理想城市的方式方法有了相当肯定的头绪，然而中国的城市文明已有了最终规模的一大半，在一种思想基本缺位的20多年的景况里，这一大半固态城市规模，无论在人性上、在审美上、在社会结构配置上……

第四篇　修正篇

的栏杆封闭，十字路口的建筑最好是具有强烈的重要公建特色。广场不应该设在十字路口的任何一角，消灭次马路上的所有底层住宅，全部改为商业用房。消灭所有街、巷的围墙，让底层住宅或商铺均能从街巷直接进入。让小区围墙退到背后，并封闭底层房屋与背后小区的出入口。精心打造大街区内所有的人行道。将所有街区内的自然边际线进行自然整理并让其服务于住宅或商铺，不能仅仅成为景观。将街区公园和学校作为重要节点进行打造，让它们统统成为大街区的亮点。大街区内的所有建筑需要进行一定程度的风格统一，允许20%左右的风格变异，但不能太刺眼。大街区与城市干道的交接口最好设置有界点作用的大牌坊以统合整个大街区，而大街区内的所有小区大门均需用过街楼似的建筑进行整合，其风格可以适当变化。

总的来说，便是用一种大致整体的方式来整合修正已经形成的泛散的街区，让它们有一种整体性、中心性。同时也将街区内的所有道路进行传统街、巷式的打造，使得街区内所有通道的两边均能充分表现出邻里关系，以充实人性的社区氛围，从而使当下大量这样散乱的街区各自形成一个个极有生活趣味的整体，改善我们的生活，提升人性。

10、城乡结合部的修正

中国城市各自的城乡结合部极像一个大毒圈，紧紧包裹着城市。当你开车通过普通道路从郊外回城或从城内出城驶向郊

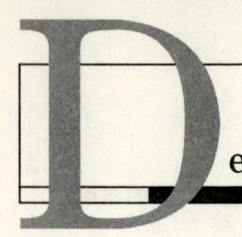
Design perfect city
设计理想城市

野,将会深刻地体会这种城乡结合部的厚度。一般而言,对于超大城市来说,大概有一二公里,占据的面积有可能接近城市面积的 20%~30%,很是吓人的。居于城中的人们很难想象自己生活的这个看似还干净有序的城市,其外圈有着非常吓人的景况。由于大多数外来打工者租不起城区的房子。因此,城乡结合部的农民房便成为他们的最优选择。这种没有下水道,没有垃圾收集站,缺乏城市管理的区域,集中了城市中的大多数底层民众。而大量的村、镇、小企业以及大量城市民众的许许多多食品加工小作坊也都集中在这些区域,使得城乡结合部是城乡系统里环境最糟糕的地方。本质上来说,大多数这样的城乡结合部在未来都将被拆除而建成新的城区,不存在什么修正的问题。然而作为一个社会问题,城市管理者应该认识到,在城市还不具备给外来打工者提供廉租房的情况下,城乡结合部的农舍却解决了巨大的社会问题。因此,应该适当改善这种区域的环境,提供垃圾集中收集点,修建简易污水管,并消灭大量严重污染环境的村、镇小企业和各类加工作坊。在这样的基础上,城乡结合部将有可能变得规范起来,从而真正成为城市们的临时而干净的廉租房地带。

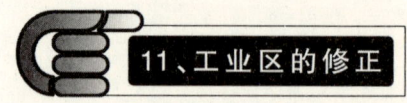
11、工业区的修正

受所谓新加坡工业园区的坏影响,中国许多城市的工业园区搞得比居住区环境要好得多,这是对生活本真意义的颠倒。因此,从节约土地出发,中国大量的工业区均需进行修正。

> 在虽然对规划、设计理想城市的方式方法有了相当肯定的头绪,然而中国的城市文明已有了最终规模的一大半,在一种思想基本缺位的 20 多年的景况里,这一大半固态城市规模,无论在人性上、在审美上、在社会结构配置上……

第四篇 修正篇

首先,要调整工业区的道路规划体系,将过密过宽的道路网进行压缩,让大量厂区地块只有一边临路,进行背靠背的线形布置,改变目前十字路网规划方式,大大提高土地利用率。此外,还需对每块土地的建设指标进行调整,让所有工业区的绿化率不能超过 10%,让容积率要接近 1,让建筑密度不能小于 40% 等等。改变目前工业区占据过多城市土地面积的状况。对于城市市民们来说,工业区其实就是城市的赚钱工房,它绝对不能成为城市的客厅和脸面或者城市的花园什么的,这是最要紧的!

12、修正后的中国城市评判

对于所有的城市来说,在可持续发展的要求下,若能各自的经济优势发挥好,将各自的工业区规划调整好,让其在充分利用土地的情形下,充分制造财富,并且基本不影响自然环境,这样的要求,对于当下的中国仍是非常花费金钱和时间的事。但在一个 50 年内,并非不能。在此基础上,将城市的交通骨架亦即干道系统彻底调整建设好,让其在一个城市机动车最大保有量的情形下能充分发挥交通流畅作用,这样的要求,想必在不久的未来,很多城市均能实现。关键之处是任何城市的最大机动车保有量,需要依据各自城市的干道系统路面积进行计算。有了安排合理的工业区和好的干道系统,任何城市在已成定局的形态下,便只可能对城市里的所有道、路、街、巷的边际线进行人性而又合理的修正,对各种自然边际线进行人性开发,对各居住区的公共

Design perfect city
设计理想城市

花园、绿地进行人性调整，将城市之心和老城区进行修正，大量恢复老城区的传统街、巷，对整个城市的建筑形式进行大致符合地域元素的整体协调和修正，将城乡结合部的垃圾、污水、小作坊问题处理好，使城乡结合部成为廉租房的重要来源。那么，我们的城市应该还是有着相当具有吸引力的未来，其关键之点是对于所有城市的道、路、街、巷的边际线的修正，一定要消灭围墙，让城市所有道、路、街、巷成为具有城市活力，成为能够产生城市文化的重要场所。至于打造好城市的各个节点和地标等等，那都是理所当然的事。

不过，即便一切如上所愿，我们的城市在未来的100年内仍将难以称得上是优秀的精神和物质的聚合体，因为它的基本特征只具有近代100多年的人类文明元素，它缺乏中国城市文明长远的历史过程。基本看来，中国所有的城市都是新的和杂乱的，都是从几十年以前开始建设起来的。这便决定了这代城市文明质量从高要求来看的话，是不完整的。然而，对此，当下的我们已无能为力，只能进行修正调整。而是否能够进行优质而人性的修正，也是一个巨大的社会难题。因为规划管理者们对建筑密度和绿化率这两个指标是如此的钟爱而固执己见，似乎丝毫容不得修正和调整。其实，对于国家战略来说，重要的是让每平方公里居住多少人，解决多少工业问题，亦便是容积率问题。也许少的绿化率，多的底层街巷比大量的城市绿地，对于社会的和谐来说要好得多。对此，我们也仅仅只能建言！

对于这样一种城市的未来，虽然能够和谐和优美，也将拥有大量的次城市街巷文化，但与世界上最优秀的城市相比，我们是

在虽然对规划、设计理想城市的方式方法有了相当肯定的头绪,然而中国的城市文明已有了最终规模的一大半,在一种思想基本缺位的20多年的景况里,这一大半固态城市规模,无论在人性上、在审美上、在社会结构配置上……

否仍将不满足呢?想必再过20多年以后,答案将会慢慢出来,到时我们可以进行对比。

13、百年后的下一波城市化

100年以后,中国这一波基本按照《雅典宪章》修建的城市的建筑大多都将超过使用年限,进入危房期,大多数城市又将陆陆续续进入更新期。而那时的工业技术文明又将怎么样影响我们的聚落生活,影响我们的城镇呢?就像近代工业文明的发展,将人类这个原来只有少数有钱有势的人才居住在城、镇的状况完全打破,用了不到200年的时间,居然可以让一个国家百分之八九十的人口全部生活在城镇里一样。那么,未来的技术发展应该可以让百分之百的人口全部居住在城镇里,或者说可以允许他们在城镇里有自己的固定居所。

到那时,也许大量的机动车基本不烧油,而只依靠自身的外壳接受日光来获取能源。

到那时,城市的交通在充分配备城与乡的点到点的便利外,城市大街区之间的交通也由于公共交通的原因,变得非常便利,城市的干道系统上奔跑的将大量是太阳能出租车,私家车将会很少,大量的道路和停车场成为机动车晒车点。城市机动车保有量将比现在要少得多。而大街区内的交通将主要依靠步行或者同样是太阳能自行车或运动型自行车。

到那时,也许工业区将只占据城市10%的面积或者更少,大

Design perfect city
设计理想城市

量的工作可以在任何地点通过网络完成。

然而,由于人本身是一种社会性动物,因此,足够的城市密度,完善的城市之心、商业中心、文化中心和完整的混合性居住、工作大街区,却仍然是人们的生活需要。虽然到那时,虚拟社会非常强大,非常完善,但人们对具体的城市生活的需要仍是首位的。而街道邻里的城市人文生活,应该永远是人类群居生活的重要表现形式。也许到那时由于生物技术的发展,可以让中国不需要保留下这么多的耕地,但一定城市人口密度的紧凑城市生活方式,想必仍然是人类保持相互交流和接触,以及产生丰富人文文化的重要保证。而超大城市便只能依靠大量的足够规模的大街区,来保证让每位居于此城的市民能够得到充分普通的城市生活,因为每个大街区基本便是一座小城市。

到那时,中国也许兴起对传统城镇的重建,并依据历史街区图,恢复大量的传统城镇空间。

到那时,大量的中心村和乡镇将是农业工人们的第一居地,而全国各地的优美景观之地将会形成许许多多环保型小镇、小村,从而成为全国民众乃至全世界民众们的各种各样的临时第二居地。

到那时,即便大量耕地可变为建设用地,但由于环保的原因,也由于社会、街区内容非常丰富的原因,而大量的家庭居住面积有可能仍以人均 25m² 为最佳选择。只不过任何房屋的耗能系统将被精心设计,而众多的污染物将被大量充分利用。

到那时,由于社会结构相对和谐,而大量传统空间结构又更被人性化地得以重建。因而,大量的城镇们应该是所有民众们的

在虽然对规划、设计理想城市的方式方法有了相当肯定的头绪,然而中国的城市文明已有了最终规模的一大半,在一种思想基本缺位的 20 多年的景况里,这一大半固态城市规模,无论在人性上、在审美上、在社会结构配置上……

第四篇 修正篇

快乐、幸福中心吧!

但愿百年后的中国确能如此!

2007 年 10 月 28 日下午
完于快乐空间 刘亚波

Design perfect city 设计理想城市

后记
对城市街巷生活的粗略回忆和述说

继2004年出版《得道的建筑学》之后，一晃眼，时间又过去了3年。而中国的这3年却是城市飞速扩张，房价也即将暂时飞速爬高见顶的疯狂的3年。其实在写作《得道的建筑学》一书时的2002年，中国城市们的这波快速扩张期才刚刚开始，很多城市还没启动。而当时的笔者还没完全从建筑学的范畴脱离开。虽然《得道的建筑学》一书中有城市研究一篇，但内容不足。随着近几年大量城市规划书籍的出版、再版，和近年对各地城市的游历，也让自己对西方城市文明有了更深入的了解，也让自己似乎看清楚了当下中国城市文明的问题所在。

公元1984年的夏天，笔者从重庆建筑工程学院结业，被分配到成都这座当今号称一座来了就不想离开的城市，中国的改革开放刚刚开始不久，中国近代代史上最猛烈的这波城市化浪潮也刚刚启动不久。那时，成都大量的传统街巷及其肌理格局都还在。尤其是笔者工作的单位西南建筑设计院所处的名叫"金华街"的地方，它位于成都府河外侧，介于"万福桥"和"北门大桥"之间。整个"金华街"弯弯曲曲、高低起伏、房屋低矮、穿斗结构的青瓦旧红木屋虽然有些破烂，但空间尺度、居民邻里的人文内容都十分充满。街上形形色色的小食店、杂货铺、剪头铺、粮店等等相当丰富，让我们这些年轻的、喜爱生活的建筑爱好分子十分钟爱。记得临近北门大桥的地方，金华街有一右下坡，然后再一左上坡，这两坡之间有条小溪，名叫"晨溪"。溪上有宽桥而过，沿溪右岸溯河而上，有茶铺数家。其低矮茶棚拥映在溪边的竹林里，是个让人饮茶闲聊和读书的好地方。那时我和钟明同志以及其他几位好友，常常在金华街的北门大桥头的"麦香园"么店子或者是北门大桥附近的什么"担担面"、"耗子洞"、"绿叶餐厅"等几家小店吃完午饭，酒足饭饱后常爱在"晨溪"河边吃茶摆"晒壳子"——乱七八糟龙门阵。而钟明同志就是在晨溪河边给我唾沫四溅地朗诵了他那首豪气冲天的关于大和高、强和力的诗。回想那时的成都生活，回想那时候的金华街的场景，悠闲自得的街区生活场景，弯弯曲曲、低矮起伏的街道

Design perfect city
设计理想城市

映像历历在目,让人永生难忘,从而也确实是不想离开。

然而,短短的20多年过去后,成都这座有着良好和充足老居民情趣的城市,很快便变成了一座新的城市,这个被府南河环绕的仅有十来平方公里的古城已扩展了一二十倍。传统老城区大量的低矮瓦屋完全被多层或多层以上的水泥大楼所取代,传统的人性而弯曲和宽窄变化的街道肌理统统被拉直、被拓宽,而边际线自然河岸为土坡绿带的府南河也完全被石块非常齐整地整治成了城内的窄小水泥沟渠,大量极有人文价值的老居民街区社会结构,随着老居民被全部拆迁至城边新区而完全被破坏。这种传统社会结构随着传统空间结构的拆除而完全破坏的损失,其实是一座城市最优良的旅游价值和极其宝贵的人文价值的丧失。现在回头来看待成都那被府南河环绕的十来平方公里的老城区,若能依据原有的城市肌理和空间结构以及各类建筑指标,加以更新、原样重建,成都的价值不知要升值几十倍、上百倍,那才能真正称得上是座来了就不想离开的城市!

当下的成都却已让笔者产生了强烈想离开的念头,就如歌星张楚在那首《赵小姐》歌曲尾声使劲嘶喊:"离开!离开!离开你!"一样,感觉让人有了相当的厌弃。

1995年,笔者从西南建筑设计院辞职,带着学到的施工图手艺,且至今仍怀有的对这个单位所提供的职业培训的些许感激,彻底让自己获取了相当的自由和漂泊。这10年来的设计院生涯同时也是大量自我人文培训的美好时期。在此期间笔者出版了自己的第一本散文集《自言自语》,也获了两个日本的设计奖。在物质不太丰富的1980年代至1990年代初,对精神和思想的追求在当时是非常让自己感受到喜悦的幸福。想必这便是当时拥有大量老居民人文社会和传统城市街巷空间的成都给了我巨大的人文熏陶和人文教育的原因,这美好的城市教育让笔者内心对往昔的成都有着深深地怀念和感激。

1995年冬,为了与好友老杨一起在上海、无锡做点设计小事,我彻底对当时的上海、无锡以及常州进行了徒步似的走街串巷似的了解。至今,那上海石库门的既齐整又相当杂乱的小弄堂里的肥胖男子一碟盐水毛

> 在继2004年出版《得道的建筑学》之后，一晃眼，时间又过去了3年。而中国的这3年却是城市飞速扩张，房价也即将暂时飞速爬高见顶的疯狂的3年。其实在写作《得道的建筑学》一书时的2002年，中国城市们的这……

后 记

豆、一瓶廉价黄酒的小凳小桌的独酌身影，常常能在我的脑海闪现。而大量上海老城区的弄堂里的鸡毛小店的独自吃喝和察言观色，也让我深深体会了老街弄堂里上海市民的艰辛和沧桑。不过，那源于19世纪的对于上海来说应该是第一波城市化引出的相当西方性质的低层高密度老城区，虽然建筑元素有着绝对的西风，但空间尺度却是相当的人性。当时，我便发现那原来只住一户的小院联屋却拥住着十几户人家，且由于老吴的原因，在他那原住佣人的杂物间与他一起享受了一晚石库门的弄堂生活，实在不敢恭维！而偶然走进上海豫园附近的老上海县城，发现那里居然都是中国传统青瓦旧红木屋，着实让我十分惊喜。而深更半夜在原为县城城墙，现为中华路的弯曲马路上的溜达，让自己对由低矮小房小屋自由生长出的城市的夜晚感受是如此恋恋不舍，以致错过最后一班地铁，并发现了当时的上海打工年轻人居然可以打组合叫出租车。

心仪已久的无锡却并不怎么样。那已相当破旧的青瓦白墙老城区虽有不少河房，但寒冷的冬天却让老城区缺乏南方的邻里人气，唯有"三凤桥"的肉骨头和附近廉价的小餐馆三元饭食及黝黑的老妇摊主还多少有些人文气息。不过，寄畅园那讲究的园林已让本人慢慢感觉到封建士大夫们的奢侈生活。

至于常州似乎比无锡更差，老城区就更不像样。这所谓的江南城镇其实有着北方的粗硬。不过，在这一时期，我却阅读了大量的清朝晚期的市井小说，其中《海上花列传》尤其让我感受到了上海19世纪末20世纪初的浓烈的人间烟火的街巷市井味道。而我也便是通过这本书的上海白话文字，才更多地听懂了上海本地方言。正如1980年代中期，自己在珠海是通过唱张国荣、谭咏麟的粤语劲歌才对咭呱粗糙的广东方言有了顺耳的了解。

1998年，为了给四川石化大厦选外墙石材，我来到青岛和大连。这两个城市的老城已剩不多，且缺乏上海老城区的紧凑性，其建筑的地域元素也是西方的。不过让夜总会的陪酒女不陪自己喝酒却陪自己逛夜晚的老城，让自己体会到了青岛海滨老别墅、老街区的讲究和金贵，以及大连

设计理想城市

老城的空阔性。随后再一次来到北京,又让自己在好友老冯的陪同下好好地欣赏了前门楼子南边的老街和老号涮羊肉。

2000年春节的大年初一,在四川金联公司董事长老曲的带领下,安氡、王彤和我一起来到安徽的西递、宏村,从而确确实实让自己体会到了咱们中国传统民众文化的巨大魅力,确确实实感受到了自然生成的完整村落极其金贵性,也确确实实第一次体会到了江南文化的优秀之处。而随后拜访的周庄、囗直水乡,进一步让我了解到华东地区的建筑文化远胜于西南地区。相比笔者1999年在浙江的金华市的河边老城和诸葛八卦名村的街巷游历,这一次的城镇空间肌理的感觉尤其深刻和舒心。虽然金华市的河景极好,极像我的老家长沙,其河边小店的饭茶也极有市井气,诸葛的村落空间形态与建筑风格也与西递相差甚少,但安徽的优美丘陵古村落的那种天人合一的自然美,深深震撼了我那颗始终抱有中国风水文化性情的心。而苏南水乡的河房和小石拱桥也一扫自己对江南文化具有北方粗硬地域之风的偏见。至于对苏州古城的游历和世界顶级园林的拜访就更是让人佩服中国文人士大夫文化的伟大。

不过苏州老城已不太成形了。

2002年的夏天,我和安氡、王彤三人驱车拜访四川东南的龙华小镇、宜宾的李庄、泸州的尧坝、福宝古镇以及重庆的偏岩、西沱的古镇,从而更多地了解了西南地区老城镇的近代身影,以及所有聚落的相同原因。其中,尤以福宝镇的相对完整,让我们看到了西南古镇的原色。至于笔者独自挎一小包拜访雅安上里、邛崃的悦来、平落、川西北的阆中、洪雅的柳江,乃至此前藏羌地区的卓克基、松潘、小金等等,实让自己对空间形态自然而民间地构建有着无止境的喜爱。

2002年秋天,为了在都江堰青城高尔夫球场旁的一块三百多亩地上构建一处极好用又极好卖又极有自由肌理的度假休闲聚落,安氡、王彤和我又拜访了云南丽江这个名镇。当行走在那由几百年马队和居民踩踏出的极光滑又极珍贵的厚石街巷上,看着那芸芸众生几百年来构建出的城镇,看着极洁净的玉龙高山雪水从中流过,心中暗暗羡慕这东巴当地人的

> 在继2004年出版《得道的建筑学》之后,一晃眼,时间又过去了3年。而中国的这3年却是城市飞速扩张,房价也即将暂时飞速爬高见顶的疯狂的3年。其实在写作《得道的建筑学》一书时的2002年,中国城市们的这……

后 记

生活是多么的美好。而从丽江小河边的小食店的东巴小妹口中说出的"弱智"便是男朋友,"那给你漂"便是我爱你的当地方言,实让我们兴奋得乱喝酒。回程对昆明和深圳的再次拜访却让我有着相当的失望。尤其,当我再次站在深圳的深南大道旁,看着那滚滚的车流和四周空散的建筑群和自以为是的城市立交,内心只能泛起阵阵苍白的烦躁。

2002年春节,本人怀着对秦、汉的景仰,斜挎一小包来到西安。一下火车,便沿着古城墙根花了几个小时整整走了一圈,看到如此完整的中国高大的古城墙,着实让自己兴奋不已。那城墙与护城河的空间关系实在太美妙,那北方冬天的槐树、榆树的干劲身形倒映在护城河的平静水中,实在让我看到了严冬的肃杀。不过,非常可惜的是西安的老城已被完全破坏,唯独留下的一两条回民老街实与伟大的古城墙实不相配。虽然老街的人文社区氛围还有点味道,但回民老妇的摊点只卖炒牛杂,不卖啤酒的清真教规,实让自己有些不能稍稍尽兴。而羊肉泡馍居然像做烧菜一样从锅中烩出的做法实令人有点惊奇。不过味道很像成都的牛肉面,以致让我很怀疑成都的牛肉面很可能是秦、汉的时候被李冰类的占领者传至巴蜀的。

2003年春节,怀着对中国古都城的景仰,我又仅挎一小黑包来到南京,住在金陵大酒店对面小街的城市小旅馆里。走在南京老城的街上,虽然偶尔能看到民国时的一些马路建筑,但整体的老城格局与北京、上海相比,无论街巷肌理还是建筑形式差距甚大。而大名鼎鼎的夫子庙街区却基本为新建的旅游城市表象区的景象让人很是失望。至于秦淮河这条在《儒林外史》中那么人性十足、市井十足的地方却已经完全没了身影,唯有南京那虽不完整但仍然很长,大约有10多公里长比西安城墙更自由的古城墙却消耗了本人巨大的体能。在南京那零下5摄氏度的寒冬,身穿成都冬衣的我,手执地图,沿城根独自寻走,最后来到紫金山下的城墙边便抖抖擞擞上了山,看了一下明朝的孝陵和中山陵,随后下山来到玄武湖旁。看着这近5平方公里的城内湖,又让我想起1998年自己在沿着同样5平方公里多的杭州西湖周边行走一圈下来的疲惫感受。然而这是一种令人喜悦的疲惫,以致每次这样的疲惫之后,便要寻一舒适之处,吃当地菜,喝当

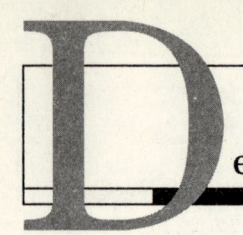

Design perfect city
设计理想城市

地酒,欣赏当地红男绿女,听当地的七七八八白话。这实乃人生幸福之事,亦可算学习城市、接受城市人文教育的美好时光吧!

离开南京,且又怀着对宋、唐的景仰,乘火车到了开封、洛阳、郑州。在好友老常的作陪下,拜访了这几个城市的老城。在开封那不太成形的城墙下,想起《清明上河图》中那熙熙攘攘的汴京的繁忙市井,与这已堆砌在汴京之上10多米高的开封和无甚老城根基的旧城,实与我的想象相差太远。而大量唐诗、史书中的洛阳就像大秦的都城咸阳一样,已无甚古意。唯有洛阳旧城东街上的小店的水席却让人十分希奇。因为每道菜都是极大土磁碗的汤水、菜物,让人望一生畏。但饮酒甚多。至于在郑州城中的闲逛和古商城土城墙上的溜达也难以让我感受到自然聚落成形的生命性,唯有权力和经济驱动的成因在成城中的强大作用,让我有着乏味的体会。

2003年的夏天,为了出版《得道的建筑学》一书,我和安氡先飞到长沙,在兴奋地把自己从小长大的"福庆街"街区乱逛一气后,在水陆洲的湘江边吃鱼喝酒,边欣赏江岸乱糟糟的城市,边赞叹江边的大樟树太值钱,平缓、宽阔、水清的湘江太值钱!已成城中绿地的岳麓山太值钱!而随后乘大客车去江西南昌,一路上更是看到大量的樟树。南昌城区更是与长沙一样,街道树全为细叶香樟,真是难得。一座城市一旦有了这么好的行道树,即便建筑很破,也应该是很值钱的。而长沙和南昌这两个地貌极为相似的省会城市被长满细叶香樟的罗霄山脉相隔,却无论从气候、饮食和语言都相当有因缘。因为当晚到达南昌,在老城区夜饮食街上吃到的小碟菜中的酸姜豆,便与小时候我妈经常用小青淑炒的下饭酸姜豆几乎一模一样。而饮食街上南昌人叽叽咕咕的方言似乎与我老家湖南浏阳那边的乡下语言有着某种相似性。毕竟罗霄山脉这边的浏阳与罗霄山脉那边的安源挨得太近了。酒足菜饱后,依着兴致,安氡和我把南昌老城大逛一气,发现街道肌理虽然不够自由,但老街的尺度基本还是蛮经典的。杂乱的老街坊虽很破旧,但原住民的人性却十分的充溢,比时下的成都要好得多,有味得多。第二天在赣江支流的抚河边的时髦餐厅,请上好友胡吃海喝

在继 2004 年出版《得道的建筑学》之后，一晃眼，时间又过去了 3 年。而中国的这 3 年却是城市飞速扩张，房价也即将暂时飞速爬高见顶的疯狂的 3 年。其实在写作《得道的建筑学》一书时的 2002 年，中国城市们的这……

后 记

后，急匆匆欣赏赣江过于宽阔的江面和名气虽大却建造粗糙的腾王阁，以及当地人说小而我们成都人却觉得极大的青山湖，不甚有趣，再逛老城。夜聚城中夜总会，酒过量而乱发小费给同行好友，且又转台至某重庆火锅店，直至迷糊为止。这等城市消费男人的夜生活，实乃当下中国社会的常情！从而常常让我想起张春帆在《海上花列传》——亦便是张爱玲翻译成《海上花开，海上花落》一书中对众多老板们的夜生活的细细描述，而张春帆对当时清末上海城市生活的热衷述说，实可谓城市文化的本真意义就应该有着巨量此等内容吧！而离开南昌前在抚河边某高档咖啡馆欣赏到的贤淑、贞静的南昌美女，其内敛、丽质的气质似乎说明了南昌城市人文文化的熏陶是相当有效果的。而相当多的老城、老街巷的饮食娱乐、居家文化便是城市人文的基础支撑，也便是成都人常说的"经侑"吧！

2003 年春节，为出书一事再赴北京，住后海边唯一的大华招待所，在后海附近成日喝茶吃酒闲混，极有兴致地体会了一把当北京老城居民的惬意生活。然后走遍东四、西四每条胡同，再次在大栅栏附近乱逛乱吃，回味几年前与安氪在大栅栏片区深夜狂走的情形，产生了对北京老城深深的钟爱。至于东华门附近的老城更新项目"南池子"，似乎让自己看到了北京老城更新的较好方法。再次与老刘、小卫、老冯一起当了几天城市胡乱消费男人之后，便怀着对零下 20 多摄氏度气温的自然景仰，乘火车来到哈尔滨这座东北冰城。对于我这个已为成都市民，很少体味严冬的闲人，零下 26 摄氏度的夜晚，在全为厚厚冰层的哈尔滨街路上的悠闲行走，确是相当困难，何况自己的冬衣仅是在成都冬衣上加了老冯一件薄外套，真正扎扎实实体味了一回零下 20 多摄氏度的地球地表的自然感觉。不过，颤颤惊惊、畏手畏脚中对冰城老城区俄式老街巷的乱逛乱窜，僵手僵脚的乱拍一气，过个 10 来分钟，便寻个冒汽的小食馆要点什么豆腐脑、蒸糕、炖菜应个景，以获取点屋内暖气，从而支撑自己在极冷的旧街上走下去。真正是别一样的感觉和刺疼的惬意！

2004 年秋，老曲、安氪和我来到泰国的曼谷。一住下，我和安氪便寻张地图，跑到华人区老街东游西荡，找些街边小摊点品尝曼谷老街居民生

Design perfect city
设计理想城市

活。填肚子时一筷一匙的曼谷人似乎对饮食的要求有些低，只不过能吃上辣酱已算不错。夜晚跑进城东酒吧片区，到处寻找能提供整瓶洋酒的酒吧，却极难找到，令我等很是惊奇，最后只能买下大半瓶以了事，从而惊走邻坐的韩国人。后来，来到纬度为10°的沙梅岛，体味香温海岸边极有人味的酒吧长街，乱给酒吧调酒妹发小费，又惊走身边挪威老小伙。看来我等中国当下男人在国内城内养成的酒文化实让外人受不了。而月亮岛的饮酒、吃药的狂欢日，看到整个海岛、海滩黑压压的各色人种的狂乱，让我对原始聚落的体会有了另一种理解。至于深夜在老街一角有黑人演唱的小酒馆送德国中年男人酒喝，并赞美他们的巴赫和赋格曲，埋汰美国人的流行音乐，着实让我等又有了另一种惬意。至于泰人的干瘦油汗吧女和恶心的人妖，实在让人不敢恭维。

其实，这些年，对城市的了解还很多。如：有人气的广州、城区有绿色山峦的贵阳、雪水奔腾的康定、木作极为奢侈的道孚、大昭寺已有些伪美的拉萨、街冷人稀的日喀则，乃至珠峰山下的帕里老镇和亚东小镇。安徽很有些秀气的合肥老城和改为小长湖的护城河，淮河边的淮南老码头破落街区。被长江大尺度分割的武汉三镇和汉口老街及老街上的各式小吃和汉口的酒吧外滩。同样被大尺度长江分割并也被嘉陵江分割的重庆和仍留有少许老街的渝中区。喜欢卖私彩的海口和海口老城区的头庙、二庙、三庙、四庙以及老城弯曲街巷里夜摊上飘出猪屎臭的下酒卤味，地理地貌极值钱的三亚和三亚老街里的抱罗米粉，那真正是绝顶美味。风水不错的南宁，有着乏味银滩的北海市，风景奇秀、老城不凡的桂林，乃至四川那些风水也不错的泸州、宜宾、南充、雅安、绵阳、西昌、乐山、峨眉山等等等等。2007年的春天，我从湖北的赤壁市冒雨游走一番，并拜访完长江边的三国古战场后，又再一次回到长沙老家。独自在福庆街那极熟悉又相当陌生的且人情十足的弯曲老街慢慢行走，看着连升街、九如里、马厩里、潮宗街的麻石路，雷家坪、西长街、谢词坪、坡子街、古塘街、文庙街等等老街老巷，那由杂乱低矮的旧房老房构建的空间形态仍与20多年前大致一样，心中甚是慰藉。我打开地图，大概估算了一下，应该还留有一二平方

在继 2004 年出版《得道的建筑学》之后，一晃眼，时间又过去了 3 年。而中国的这 3 年却是城市飞速扩张，房价也即将暂时飞速爬高见顶的疯狂的 3 年。其实在写作《得道的建筑学》一书时的 2002 年，中国城市们的这……

后　记

公里吧。坐在湘江边人民路口附近的老茶馆里，望着美丽大气的湘江和温度宜人的岳麓山，一种回家的迫切感觉油然而生。"长沙的风水确实比成都好得多"！不过，我那开大餐厅，生意好得受不了的粗鲁的小学同学老罗的话语却吓了我一跳："这些烂房子、老街都要拆，要修电梯公寓呢！"真是吓死人！但愿长沙的规划管理人员不会如此吧。不然的话，我又回去干什么呢？

其实，在做完"青城高尔夫新丽江"这个 300 多亩度假休闲居住项目的大草图以及实施完一期工程，并卖得越来越好以后，我和安氪以及王彤常常在探寻有序的自由这条"新丽江"规划肌理总原则时，就越来越在深究中国的城市问题。在街子老城、怀远老街，在普照寺的庙山上，在庙前大坝子踢完足球，傍就园林山庄前的小店酒足饭饱后，在都江堰的各条奔腾河水边的茶铺里……生活适意的我们在大谈男人文化的同时始终要热烈谈论城市问题和建筑问题。

于是，从 2004 年开始，自己又成天捧着一本书，悠闲地在成都市区四处寻找着能读书、能饮茶并且附近还有好美食、好网吧的好去处。这样的生活虽然挣钱不多，但自己非常乐意。为了能安心读书、安心想问题，本人不再开车，只坐公交车、只走路、只在需要时打打出租。而自己大量的饭局便是与安氪与钟明同志四处乱吃，因而很多的问题也常常是坐在钟明的大宝马里，边欣赏成都的大量住人机器，边愤愤评说，并四处乱寻好吃的东西。只不过这成都大量的住人机器，如今却被钟明同志的事务所设计很大一部分，大概每年有几百万平方米吧！他的基准方针建筑设计事务所已有 500 来号人，应该排在全国私人事务所的前列了吧！从而将他 20 世纪 80 年代聚积的力量表达了一些。

于是在众多好友的经常言语、饮食关心下，在金联董事长老曲的常常电话慰问下，本人从 2007 年 6 月 19 日拟定本书目录开始，花了不到 5 个月的时间，草草完成了书稿。虽然，当下的成都已基本寻找不到老城那些极具原住民、原住屋人文气息的老茶铺、老茶馆，然而在这些年的四处寻觅中，我还是在那些空间形态乏味、苍白的拆迁小区的角角落落，如成都

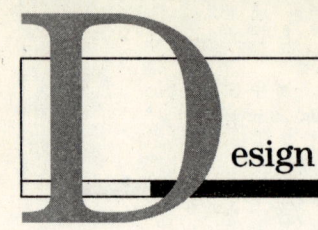
设计理想城市

的战旗、府南、东光、化成、肖家河、抚琴、白果林、李家沱、王林、双林、建设路、双楠等等拆迁小区,搜寻了许许多多的读书写字的较好去处。虽然大多数这样的茶铺难尽人意,但由于有着大量的旧城拆出来的老居民、老茶客,这样的当代成都廉价茶铺、茶馆,却给我提供了相当的写字帮助。在此,仅向成都的原住民人文精神略表谢意,但愿以后的成都能真正修正出原有老城区的真正市民文化和地道的成都空间形态吧!

为了读书和写字,自己作为"新丽江"项目的首席设计师却把许多设计工作,让作为项目老总的安氪和项目副总的王彤承担不少。不过作为学术和实践的合伙人的他们两位建筑师,与我本人一起对城市和建筑的整体探讨所获取的思想结果,想来甚是让人心有所平的吧!而我却由于对当下中国城市只有高楼,毫无地面空间自由肌理的低空间人性内容的现状已是非常失望,从而大大失去单个项目的设计兴趣。因而本书的思想总结也算是对自己将近三十年的建筑学追求的一种心如止水的总结和情结的了断吧!

二三十年以后,已成老人的我还会有新的成系统的思想吗?想来不得而知。往后的日子就顺势而为地做做具体项目,尽力搞搞设计,挣些生活物资,把生活和小圈子搞高兴吧!那应该是一种祥和而平淡的好日子!

于成都战旗小区双顺路十字路口
角角茶铺　　刘亚波